国家出版基金项目
NATIONAL PUBLICATION FOUNDATION

涡轮机械与推进系统出版项目

"两机"专项：航空发动机技术出版工程

航改燃气轮机总体设计

李孝堂　聂海刚　张世福　万里勇　郑培英　编著

科学出版社

北　京

内 容 简 介

　　本书首先在简要介绍燃气轮机分类、国内外燃气轮机发展和应用概况、燃气轮机技术回顾和展望，以及航改燃气轮机设计的一般原则的基础上，重点论述与航改燃气轮机总体设计相关的 3 方面设计技术：总体性能及仿真技术；总体结构设计技术；可靠性、维修性、保障性、安全性、测试性等通用质量特性设计技术。本书取材新颖、实用，是一本关于航改燃气轮机工程技术的专著。

　　本书可供高等院校舰船、电力、航空等动力专业的师生，以及相关专业的科研、生产、管理、使用部门的工程技术人员参考。

图书在版编目（CIP）数据

　　航改燃气轮机总体设计／李孝堂等编著. --北京：
科学出版社，2021.9
　　国家出版基金项目　涡轮机械与推进系统出版项目
"两机"专项：航空发动机技术出版工程
　　ISBN 978 - 7 - 03 - 069395 - 2

　　Ⅰ. ①航… Ⅱ. ①李… Ⅲ. ①航空发动机-改造-燃
气轮机-设计　Ⅳ. ①V235.1

　　中国版本图书馆 CIP 数据核字（2021）第 145251 号

责任编辑：徐杨峰／责任校对：谭宏宇
责任印制：黄晓鸣／封面设计：殷　靓

科学出版社 出版
北京东黄城根北街 16 号
邮政编码：100717
http://www.sciencep.com

南京展望文化发展有限公司排版

苏州市越洋印刷有限公司印刷
科学出版社发行　各地新华书店经销

＊

2021 年 9 月第　一　版　开本：B5（720×1000）
2021 年 9 月第一次印刷　印张：13 1/4
字数：262 000
定价：120.00 元
（如有印装质量问题，我社负责调换）

涡轮机械与推进系统出版项目
顾问委员会

主任委员

张彦仲

委 员

（以姓名笔画为序）

尹泽勇　　乐嘉陵　　朱　荻　　刘大响　　杜善义

李应红　　张　泽　　张立同　　张彦仲　　陈十一

陈懋章　　闻雪友　　宣益民　　徐建中

"两机"专项：航空发动机技术出版工程

专家委员会

主任委员
曹建国

副主任委员
李方勇　尹泽勇

委　员
（以姓名笔画为序）

王之林　尹泽勇　甘晓华　向　巧　刘大响
孙　聪　李方勇　李宏新　杨　伟　杨　锐
吴光辉　吴希明　陈少洋　陈祥宝　陈懋章
赵振业　唐　斌　唐长红　曹建国　曹春晓

"两机"专项：航空发动机技术出版工程
编写委员会

主任委员

尹泽勇

副主任委员

李应红　刘廷毅

委　员

（以姓名笔画为序）

丁水汀　王太明　王占学　王健平　尤延铖

尹泽勇　帅　永　宁　勇　朱俊强　向传国

刘　建　刘廷毅　杜朝辉　李应红　李建榕

杨　晖　杨鲁峰　吴文生　吴施志　吴联合

吴锦武　何国强　宋迎东　张　健　张玉金

张利明　陈保东　陈雪峰　叔　伟　周　明

郑　耀　夏峥嵘　徐超群　郭　昕　凌文辉

陶　智　崔海涛　曾海军　戴圣龙

秘书组

组　长　朱大明

成　员　晏武英　沙绍智

"两机"专项：航空发动机技术出版工程
设计系列
编写委员会

主 编
李建榕

副主编
李孝堂　高　洁　李中祥　王占学

委 员
（以姓名笔画为序）

王　强	王　鹏	王占学	王延荣	毛军逵
石建成	朱如鹏	刘永泉	刘传凯	刘振侠
米　栋	江　平	李　果	李　维	李中祥
李孝堂	李建榕	李继保	吴　新	邱　天
何小民	邹正平	邹学奇	张世福	张志学
邵万仁	尚守堂	金　捷	洪　杰	姚　华
聂海刚	桂幸民	索建秦	高　洁	高为民
郭　文	黄　敏	黄金泉	黄维娜	梁彩云
程荣辉	温　泉	蔡建兵	廖梅军	

涡轮机械与推进系统出版项目

序

涡轮机械与推进系统涉及航空发动机、航天推进系统、燃气轮机等高端装备。其中每一种装备技术的突破都令国人激动、振奋,但是由于技术上的鸿沟,使得国人一直为之魂牵梦绕。对于所有从事该领域的工作者,如何跨越技术鸿沟,这是历史赋予的使命和挑战。

动力系统作为航空、航天、舰船和能源工业的"心脏",是一个国家科技、工业和国防实力的重要标志。我国也从最初的跟随仿制,向着独立设计制造发展。其中有些技术已与国外先进水平相当,但由于受到基础研究和条件等种种限制,在某些领域与世界先进水平仍有一定的差距。为此,国家决策实施"航空发动机及燃气轮机"重大专项。在此背景下,出版一套反映国际先进水平、体现国内最新研究成果的丛书,既切合国家发展战略,又有益于我国涡轮机械与推进系统基础研究和学术水平的提升。"涡轮机械与推进系统出版项目"主要涉及航空发动机、航天推进系统、燃气轮机及相应的基础研究。图书种类分为专著、译著、教材和工具书等,内容包括领域内专家目前所应用的理论方法和取得的技术成果,也包括来自一线设计人员的实践成果。

"涡轮机械与推进系统出版项目"分为四个方向:航空发动机技术、航天推进技术、燃气轮机技术和基础研究。出版项目分别由科学出版社和浙江大学出版社出版。

出版项目凝结了国内外该领域科研与教学人员的智慧和成果,具有较强的系统性、实用性、前沿性,既可作为实际工作的指导用书,也可作为相关专业人员的参考用书。希望出版项目能够促进该领域的人才培养和技术发展,特别是为航空发动机及燃气轮机的研究提供借鉴。

张彦仲

2019 年 3 月

"两机"专项：航空发动机技术出版工程

序

航空发动机誉称工业皇冠之明珠，实乃科技强国之重器。

几十年来，我国航空发动机技术、产品及产业经历了从无到有、从小到大的艰难发展历程，取得了显著成绩。在世界新一轮科技革命和产业变革同我国转变发展方式的历史交汇期，国家决策实施"航空发动机和燃气轮机"重大科技专项（即"两机"专项），产学研用各界无不为之振奋。

迄今，"两机"专项实施已逾三年。科学出版社申请国家出版基金，安排"'两机'专项：航空发动机技术出版工程"，确为明智之举。

本出版工程旨在总结"两机"专项以及之前工作中工程、科研、教学的优秀成果，侧重于满足航空发动机工程技术人员的需求，尤其是从学生到工程师过渡阶段的需求，借此为扩大我国航空发动机卓越工程师队伍略尽绵力。本出版工程包括设计、试验、基础与综合、材料、制造、运营共六个系列，前三个系列已从2018年起开始前期工作，后三个系列拟于2020年启动，希望与"两机"专项工作同步。

对于本出版工程，各级领导十分关注，专家委员会不时指导，编委会成员尽心尽力，出版社诸君敬业把关，各位作者更是日无暇晷、研教著述。同道中人共同努力，方使本出版工程得以顺利开展，有望如期完成。

希望本出版工程对我国航空发动机自主创新发展有所裨益。受能力及时间所限，当有疏误，恭请斧正。

2019年5月

前　言

　　燃气轮机是一个涉及国家能源的战略性产业,是能源动力装备领域的最高端产品。燃气轮机广泛地应用于发电、舰船和机车动力、管道增压等能源、国防、交通领域,是关系国家安全和国民经济发展的高技术核心装备,属于市场前景巨大的高技术产业。根据国际预测机构 Forecast International 于 2019 年第 3 季度公布的对未来 10 年(2018~2027 年)世界范围内的燃气轮机市场预测可知,包括微型燃气轮机在内,燃气轮机产量将达 15 162 台,产值将达 1 345.38 亿美元,未来燃气轮机市场需求和产值巨大。

　　航改燃气轮机技术的发展很大程度上依赖于航空发动机技术的进步,航改燃气轮机在航空发动机技术的支撑下正朝着高循环效率、低排放、高可靠性和易维护性等方向发展。在提高效率方面,采用陶瓷基复合材料用于热端部件以提高涡轮前温度,同时采用新型冷却技术等;在低污染燃烧技术研究方面,美国、英国、德国等已进行了多年研究,先后发展了变几何燃烧室技术、分级燃烧室技术、贫油预混预蒸发燃烧技术、催化燃烧技术、直接喷射燃烧室技术、可变驻留燃烧室技术等;在高可靠性和易维护性研究方面,欧美航空强国对航改燃气轮机提出了更高的要求。例如,美国海军 2000年制定了舰船编队燃气轮机的 2005 年、2020 年和 2020 年以后的近期、中期和远期使用目标,将平均故障间隔时间作为提高燃气轮机可靠性的重要指标。这些国家通过实施先进技术预研计划开发和验证新技术,使舰船燃气轮机燃料效率与可靠性提高、可维护性改善,进而使目前和未来的海军燃气轮机动力装置的总费用降低,作战效能提升。

　　新中国成立后,我国工业体系在一穷二白的基础上建立,技术、经济实力不够及政策多变等原因使我国航空发动机的研制发展步履维艰,远远落后于航空发达国家,轻型燃气轮机更是如此。改革开放以来,尤其是 21 世纪以来,我国的国力大幅增强,技术和工业体系得到大幅完善,技术与经济实力显著提升,同时,由于国家国防安全和经济建设的需要,我国政府对航空发动机和燃气轮机更加重视,航空发动机技术和产品得到快速发展,我国自主研制的第二代和第三代航空发动机相继定型并批量生产,为研制航改燃气轮机打下了良好的技术和工业基础。在我国"十三五"规划中,航空发动机和燃气轮机国家科技重大专项列入计划实施的百大工程之首,舰船对燃气轮机动力的急需、节能减排对燃气轮机动力的急需、海上采油平台等对燃气轮机动力的急需,都为航改燃气轮机的发展带来了千载难逢的机遇。

虽然航改燃气轮机大量继承了原航空发动机成熟的设计技术、材料和工艺,但是作为工业和舰船燃气轮机有其独特要求,在设计上存在着一定的差异。航改工业燃气轮机技术的发展需要具备新颖的总能系统和系统设计技术、新的冷却技术、新的材料和隔热涂层、气动热力学设计技术、低污染燃烧技术、高可靠长寿命技术等。舰船燃气轮机不仅仅是配装动力涡轮输出轴功率,还包括新设计低压压气机、动力涡轮、控制系统、进排气系统,改进设计燃烧室,研制适用的清洗系统,改变材料和镀层,防止盐雾腐蚀及进行抗冲击改进设计等。舰船燃气轮机装船使用成功与否,在很大程度上取决于如何解决这些关键技术。所以,必须在航空发动机设计成果的基础上,进行航改工业和舰船燃气轮机总体设计技术研究,提高设计能力,为工业和舰船动力的跨越式发展奠定坚实的技术基础。

结合从事多型航改燃气轮机研制和管理经验,根据多型航改燃气轮机研制实践,在《航机改型燃气轮机设计及试验技术》一书的基础上,提炼航改燃气轮机总体设计工作体会和经验,编写《航改燃气轮机总体设计》一书,以期为我国航改燃气轮机研制工程技术人员提供借鉴和参照,促进我国燃气轮机产品加速成熟,推进燃气轮机研制进程。

本书共 4 章,对国内外燃气轮机技术发展现状、前景及应用概况、航改燃气轮机总体性能及仿真、总体结构设计和通用质量特性设计技术进行论述。第 1 章概论主要介绍燃气轮机分类,国内外燃气轮机发展、应用概况,燃气轮机技术回顾和展望,以及航改燃气轮机设计的一般原则,让读者有一个全局性的认识;第 2 章阐述简单循环和间冷循环航改燃气轮机总体性能设计及仿真、总体性能设计点设计方法、非设计点稳态性能设计方法、过渡态性能仿真及验证等;第 3 章论述燃气轮机总体结构设计基本要求、总体结构布局、转子支承方案、承力系统结构、典型支承结构、安装系统、舰船燃气轮机抗冲击设计、环保要求与防护措施等,并结合国内外典型航改燃气轮机总体结构设计实例进行说明;第 4 章总结航改燃气轮机研制各阶段的可靠性、维修性、保障性、安全性、测试性在内的通用质量特性,确保减少燃气轮机故障发生率,提高使用寿命,降低维修成本。

在本书的撰写过程中,得到了多位同事的大力支持和帮助。非常感谢董瑜、胡云彪、徐鑫、李慎佩、王晨、曲秀秀(排名不分先后),他们为本书的撰写提供了相关资料或参与了部分章节初稿的撰写;非常感谢周亚峰、朱锦灿、刘慧娟、吕天波(排名不分先后)等审读人员,他们凭借自身极高的专业技术水平和丰富的工程实践经验,极大地提升了本书的专业性。

由于作者理论水平和实践经验所限,书中难免有不足之处,恳请读者批评指正。

李孝堂

2021 年 3 月

目　录

涡轮机械与推进系统出版项目·序
"两机"专项：航空发动机技术出版工程·序
前　言

第 1 章　概　论

1.1　燃气轮机分类 ……………………………………………… 001

1.2　国内外燃气轮机的发展概况 ……………………………… 002

1.3　国内外地面燃气轮机的应用概况 ………………………… 012

1.4　燃气轮机技术回顾和展望 ………………………………… 020

    1.4.1　燃气轮机技术回顾要点 ……………………………… 020

    1.4.2　燃气轮机技术前景展望 ……………………………… 025

1.5　航改燃气轮机的一般原则 ………………………………… 027

    1.5.1　总体性能综合平衡 …………………………………… 027

    1.5.2　部件结构尽量继承 …………………………………… 028

    1.5.3　要尽量与航空母型机资源共享 ……………………… 028

第 2 章　航改燃气轮机总体性能及仿真技术

2.1　简单循环航改燃气轮机总体性能设计及仿真 …………… 029

    2.1.1　航改单轴燃气轮机设计(分轴燃气轮机) …………… 029

    2.1.2　航改双轴燃气轮机设计 ……………………………… 045

2.2　间冷循环航改燃气轮机总体性能设计及仿真 …………… 054

2.2.1　稳态性能设计方法 ……………………………………… 054

2.2.2　过渡态性能仿真及验证 ………………………………… 056

第 3 章　航改燃气轮机总体结构设计

3.1　航改燃气轮机总体结构设计基本要求 ……………………… 063

　3.1.1　总体结构方案设计原则 ………………………………… 063

　3.1.2　总体结构方案设计要求 ………………………………… 064

　3.1.3　主要设计内容 …………………………………………… 064

　3.1.4　航改燃气轮机需要解决的主要问题 …………………… 064

3.2　总体结构布局 ………………………………………………… 065

　3.2.1　简单循环燃气轮机总体结构布局 ……………………… 066

　3.2.2　复杂循环燃气轮机总体结构布局 ……………………… 068

3.3　转子支承方案 ………………………………………………… 069

　3.3.1　转子支承方案基本原则 ………………………………… 069

　3.3.2　燃气发生器单转子支承方案 …………………………… 070

　3.3.3　燃气发生器双转子支承方案 …………………………… 071

　3.3.4　动力涡轮转子支承方案 ………………………………… 073

3.4　承力系统结构 ………………………………………………… 074

　3.4.1　承力系统设计原则 ……………………………………… 074

　3.4.2　传力系统 ………………………………………………… 075

　3.4.3　承力框架 ………………………………………………… 076

3.5　燃气轮机轴承的典型支承结构 ……………………………… 077

　3.5.1　涡轮前轴承支承结构 …………………………………… 077

　3.5.2　具有弹性支座的滚动轴承支承结构 …………………… 078

　3.5.3　具有油膜减振的滚动轴承支承结构 …………………… 079

　3.5.4　双排滚珠轴承支承结构 ………………………………… 079

　3.5.5　滚珠、滚棒并列的支承结构 …………………………… 080

　3.5.6　中介轴承支承结构 ……………………………………… 081

　3.5.7　止推轴承位置 …………………………………………… 081

　3.5.8　燃气轮机所用的滚动轴承 ……………………………… 081

　3.5.9　空气系统安排 …………………………………………… 082

3.6 安装系统 ································· 083
　　3.6.1 安装系统概述 ···················· 083
　　3.6.2 安装系统设计原则 ················ 084
　　3.6.3 安装系统与承力系统 ·············· 084
　　3.6.4 安装系统承力 ··················· 085
　　3.6.5 国内外典型燃气轮机安装系统分析 ····· 088
3.7 舰船燃气轮机抗冲击设计 ················ 095
　　3.7.1 冲击环境 ······················ 096
　　3.7.2 抗冲击设计 ···················· 096
　　3.7.3 冲击防护 ······················ 098
3.8 环保要求与防护措施 ··················· 106
　　3.8.1 噪声要求与噪声抑制措施 ··········· 106
　　3.8.2 排放要求与排气污染物控制技术 ······ 109
3.9 LM2500 系列燃气轮机设计案例分析 ········ 113

第4章　燃气轮机通用质量特性设计

4.1 可靠性设计 ························· 124
　　4.1.1 基本理论 ····················· 124
　　4.1.2 可靠性模型 ··················· 127
　　4.1.3 设计分析 ····················· 134
　　4.1.4 试验与评价 ··················· 150
4.2 维修性设计 ························· 151
　　4.2.1 基本理论 ····················· 151
　　4.2.2 设计分析 ····················· 154
　　4.2.3 维修性试验与评价 ··············· 159
4.3 保障性设计 ························· 160
　　4.3.1 概述 ························· 160
　　4.3.2 定义 ························· 160
　　4.3.3 保障要素 ····················· 161
　　4.3.4 综合保障主要工作内容 ··········· 162
　　4.3.5 制定保障性要求 ················ 162

4.3.6 保障性分析 ……………………………………… 164

4.3.7 保障资源的研制 ………………………………… 170

4.3.8 保障性评估 ……………………………………… 174

4.4 安全性设计 …………………………………………… 175

4.4.1 基本理论 ………………………………………… 175

4.4.2 设计分析 ………………………………………… 178

4.4.3 试验与评价 ……………………………………… 182

4.5 测试性设计 …………………………………………… 183

4.5.1 基本理论 ………………………………………… 183

4.5.2 设计分析 ………………………………………… 185

4.5.3 试验与评价 ……………………………………… 187

参考文献 ……………………………………………………… 190

第 1 章
概　论

1.1　燃气轮机分类

　　燃气轮机是以空气为介质,靠燃烧室内燃料燃烧产生的高温高压燃气推动涡轮(透平)机械连续做功的大功率高性能动力机械。它主要是由压气机、燃烧室和涡轮三大部件组成的,再配以进气、排气、控制、传动和其他辅助系统。图 1.1 为简单循环燃气轮机工作原理。由图 1.1 可见:当机组起动成功后,压气机连续不断地从外界大气中吸入空气并增压,被压缩后的空气进入燃烧室并与不断喷入燃烧室的燃料进行混合、点火、燃烧,高温高压燃气在涡轮中膨胀做功,降压降温的燃气经排气装置直接排向大气或引入废热锅炉回收部分余热后再排入大气。燃气在涡轮中所做的机械功中大约 2/3 被用来带动压气机,消耗在空气压缩功耗上;剩余的那部分功,则通过机组的输出轴带动外界的各种负载,如发电机、压缩机、螺旋桨、泵等。上述过程就是在燃气轮机中将燃料化学能转化为机械功的工作过程。

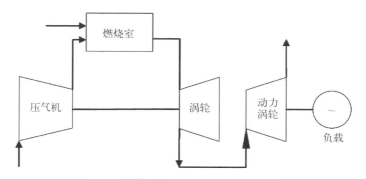

图 1.1　简单循环燃气轮机工作原理

　　燃气轮机按不同分类方法分为不同类型,一般如图 1.2 所示。本书叙述的主要内容是轻型燃气轮机(以航空发动机改型为主)技术方面的内容,它利用了大部分航空发动机部件并吸收了航空发动机先进技术。

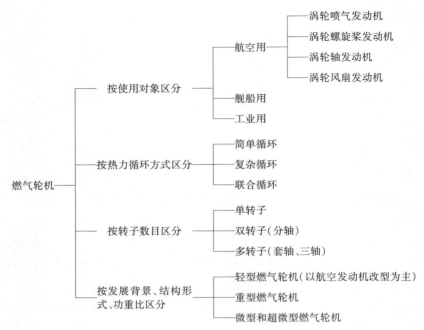

图 1.2 燃气轮机分类

轻型燃气轮机由于受航空母型机的限制,单台功率不是很大(目前一般在 5 万 kW 以下),无法全面满足地面动力的要求,因此工业部门单独研制了功率等级较大的重型燃气轮机。重型燃气轮机早期吸收了蒸汽轮机技术,后来不断地吸收航空发动机的先进技术和经验,性能有了很大提高[1]。由此可见,轻、重型燃气轮机都利用和借鉴了航空发动机先进技术,因此本书也会涉及航空发动机技术的内容。

按热力循环方式区分燃气轮机类型是由于任何热机都必须借助一定的介质物质(工质)经历一系列热力过程才能实现热转功的循环而对外做功。按照循环工质流动与组织方式的不同,燃气轮机会在性能、总体布局及结构上有很大差异。为了提高燃气轮机性能(热效率和比功),除了一般简单循环,本书探索和总结了多种热力循环方式[2]。图 1.3 给出了比图 1.2 更为详细的热力循环分类。

1.2 国内外燃气轮机的发展概况

1939 年是载入人类科技史的重要年份,这一年有两类不同用途的燃气涡轮机械获得成功应用: 瑞士布朗勃法瑞公司(Brown Boveri Company, BBC)研制出世界上第一台 4 000 kW 发电用燃气轮机($\pi_c = 4.38$, $t_4 = 575$℃);德国人奥海英设计的

图 1.3 燃气轮机热力循环分类

世界上第一台飞机用燃气轮机 He‐s3B 装在 He‐178 喷气式飞机上。从此以后，西方工业国家开始进入了燃气轮机开发、应用发展阶段。表 1.1 摘要列出了国外和国内燃气轮机发展的大事记。

表 1.1　国外和国内燃气轮机发展的大事记

年　代	国　　外	国　　内
20 世纪 50 年代前	(1) 1939 年瑞士研制成功世界第一台发电用燃气轮机；同年德国研制成功世界第一台航空发动机； (2) 1941 年瑞士制造第一台机车用燃气轮机(1 640 kW)； (3) 1944 年美国开始研发燃煤燃气轮机(连续 20 年)； (4) 1947 年英国第一台舰船用燃气轮机下水； (5) 1948 年美国将航空发动机 J33 改型为 MS3002 型机车用燃气轮机，并开始发展重型燃气轮机	(几乎空白) 但早在 11 世纪我国发明的走马灯是燃气轮机的雏形
20 世纪 50~60 年代	(1) 1950 年英国研制成功第一台汽车用燃气轮机(75 kW)； (2) 1957 年苏联确定现代化舰艇采用燃气轮机动力； (3) 1957 年美国通用电气公司 (General Electric Company) 推出用于机械驱动和发电的 MS5001 重型燃气轮机； (4) 20 世纪 60 年代高性能 TF 发动机问世，TJ、TP、TS 发动机全面投入使用，出现第一代轻型燃气轮机； (5) 1964 年开始研制坦克用燃气轮机； (6) 20 世纪 60 年代，苏联列宁格勒金属工厂(ЛМ3)开发了当时世界上功率最大的 100 MW 的 GTU‐100‐750 燃气轮机； (7) 1964 年德国西屋电气有限公司 (Westinghouse Electric Corporation) 开始研制 501 系列燃气轮机(100 000 kW)； (8) 1965 年法国阿尔斯通公司 (Alstom) 开始研制 GT11 燃气轮机(83 800 kW)； (9) 1967 年美国通用电气公司开始研制 MS7001 单轴重型燃气轮机	(1) 1956 年自制航空发动机装配在歼 5 飞机上； (2) 1958 年自行设计、加工歼教 1 涡喷发动机； (3) 1959 年开始发展燃气轮机，引进 BBC 的列车发电机组； (4) 1962 年上海汽轮机厂制成国内第一台舰船用燃气轮机(2 940 kW)； (5) 1964 年南京汽轮机厂制成国内第一台发电用燃气轮机(1 500 kW)； (6) 1969 年哈尔滨汽轮机厂制成国内第一台机车用燃气轮机(2 205 kW)

续　表

年　代	国　外	国　内
20 世纪 70~80 年代	（1）1970 年美国通用电气公司推出 MS5002 重型燃气轮机； （2）1972 年德国建成世界第一座整体煤气化联合循环示范电站； （3）1975 年美国将 TF39/CF6-6 发动机改型为 LM2500，英国将 Spey、RB211 发动机改型为工业型，开发出第二代轻型燃气轮机； （4）1984 年美国"冷水"电站投运（真正的整体煤气化联合循环）； （5）20 世纪 80 年代美国制定高效节能发动机（energy efficient engine，E^3）、综合高性能涡轮发动机技术（integrated high performance turbine engine technology，IHPTET）、涡轮发动和热端技术（hot section technology，HOST）等航空发动机研发规划，进入第三代航空发动机时代； （6）1979 年法国阿尔斯通公司开始研制 GT13 燃气轮机（100 000 kW）； （7）1982 年法国阿尔斯通公司开始研制 GT8 燃气轮机（48 200 kW）	（1）1976 年全国协作研制成功 20 000 kW 发电燃气轮机机组； （2）1975~1986 年定型生产 4 种、10 多个型号的轻型燃气轮机，同时广泛地研究燃用多种燃料的燃气轮机； （3）20 世纪 80 年代制定和实施高性能航空发动机计划； （4）1986 年成都航空发动机公司与美国合作生产 FT8 燃气轮机
20 世纪 90 年代 至 21 世纪初	（1）1992 年美国制定和实施先进燃气轮机系统（advanced turbine system，ATS）计划和联合先进燃气轮机（collaborative advanced gas turbine，CAGT）计划，研发高效、低污染、低成本燃气轮机，英国、法国、日本等也实施相应研发计划[3]； （2）20 世纪末，航空发动机技术移植到工业燃气轮机，出现大批先进重型和轻型燃气轮机（第三代），以及第四代航空发动机产品[4]； （3）20 世纪 90 年代出现先进微型燃气轮机产品，并得到大力研发； （4）1993 年法国阿尔斯通公司开始研制 GT24/GT26 重型燃气轮机（288 000 kW）； （5）21 世纪初研发出间冷回热循环 WR-21、间冷循环 LMS100 等复杂循环燃气轮机； （6）美国、日本、德国研制出 G 级、H 级、J 级高性能、超大功率重型燃气轮机	（1）20 世纪 90 年代南京汽轮电机（集团）有限责任公司与美国通用电气公司合作生产 MS6001 大型发电燃气轮机；上海汽轮机厂股份有限公司、哈尔滨汽轮机厂有限责任公司、南京汽轮电机（集团）有限责任公司寻求国外合作，生产大功率先进燃气轮机，并研发燃煤燃气轮机； （2）2000 年制定"十五"燃气轮机发展规划； （3）2003 年以来，国家先后 3 次共打捆招标引进了 E 级与 F 级重型燃气轮机 50 多套，引进公司主要为美国通用电气公司、日本三菱公司（MHI）、德国西门子公司（SIEMENS）； （4）2002 年以来，沈阳发动机研究所、沈阳黎明航空发动机有限责任公司等单位研制成功自主知识产权的 QD128（12 800 kW）、QD70（7 000 kW）、QD185（18 500 kW）航改燃气轮机、QD400（40 000 kW）间冷循环燃气轮机、R0110（110 000 kW）重型燃气轮机[5,6]； （5）2014 年，上海电气公司收购了意大利安萨尔多公司 40% 的股份，引进重型燃气轮机的设计研发、制造和服务技术

从表 1.1 及有关资料,可以归纳国外燃气轮机发展历程的几点结论。

1. 国外燃气轮机研发、应用起步早

西方国家经过 18~19 世纪工业革命,奠定了机械制造业基础,内燃机、蒸汽机、蒸汽轮机在交通运输、机械传动等行业获得广泛应用。加上热动力技术的创新,以及热动力学理论的成熟,至 20 世纪 40 年代燃气轮机进入研发和应用阶段也就顺理成章了。

我国燃气轮机的发展起步于 20 世纪 50 年代末 60 年代初,当时的一些燃气轮机厂主要以自行设计或测绘仿制的方式进行生产,在 70 年代取得了一定进展,由于当时科研设施老化,研发队伍滞后,加之对燃气轮机产业的认识不足,严重制约了我国燃气轮机产业的发展[7]。

2. 地面燃气轮机发展的主要推动力源于沿袭先进航空发动机技术

航空发动机迅猛发展始于第二次世界大战(1939~1945 年),其后经历军备竞赛、空中优势、民机市场争夺,于 20 世纪 50 年代出现航空发动机"喷气化",60 年代出现航空发动机"涡扇化"。至此四种类型航空发动机获得应用,其后军用飞机所用航空发动机经历了五个更新换代阶段,其性能及相关技术突飞猛进,参见表 1.2 所列出的部分军用航空发动机性能指标。20 世纪 50~90 年代,40 年间压气机压比 π_c 从 5 增加到 25;涡轮进口温度 $T_4(t_4)$ 从 927℃ 增加到 1 527℃,每 10 年增加 150℃;推重比 F/W 由 4 增加到 10。21 世纪正在研发的航空发动机的 $\pi_c \approx 30$,$T_4 = 1\ 427 \sim 1\ 727℃$,$F/W = 15 \sim 20$,民用航空发动机的总压比达到 55 以上,以进一步地降低耗油率。由于燃气轮机和航空发动机大部分的部件结构、整机系统、材料、装配工艺及设计、制造、服务等体系可共享,所以航改燃气轮机具有基础好、风险低、周期短和技术升级快等优势。航空发动机性能指标有如此惊人的提高,必然会促进整个燃气轮机技术的发展。

地面燃气轮机中的轻型燃气轮机是直接的受益者,表 1.2 同时列出了部分航空发动机改型为地面燃气轮机的性能水平变化。对航空发动机的发展也划分了几个阶段,可以从表 1.2 中发现在年代上正好滞后一段时间(7~10 年)。这段时间是对新型航空发动机的可靠性检验,一般需要累计飞行数百万小时,这样可以减少改型的风险,缩短周期,减少费用;另外改型机的研制周期也要计入。

重型燃气轮机的早期发展是沿袭汽轮机技术,其性能指标处于低水平,t_4 为 600~700℃,热效率 $\eta_t < 20\%$。通过充分地吸收先进航空发动机技术,并与传统的汽轮机技术结合,重型燃气轮机性能才得以不断提高。20 世纪 80 年代后期以前,重型燃气轮机功率增长迅速,但在技术上发展较慢。通用电气公司由 MS3000 系列、MS5000 系列和 MS7000 系列,发展到 MS9000 系列重型燃气轮机,功率由 10 MW 增大到 123 MW,压气机由 15 级增加到 17 级,压比 7.0 增大到 12.3,效率由 25% 提高到 32%,联合循环的功率与效率分别达到 167 MW 和 47%。也就是说,

表 1.2　国外燃气轮机性能水平变化及典型型号

年代	航空燃气轮机(大型)		轻型燃气轮机			重型燃气轮机	
	典型型号	性能参数	母型机	轻型机	性能参数	典型机型	性能参数
20 世纪 60 年代前	J57、J79、ATAR9C、BK1、WP8、Pegasus、J33(第一代)	π_c < 10、t_4 < 870℃、F/W < 5(2～3)	J33(1948 年)	MS3000	p = 4 000 kW、η_{gt} = 0.18、π_c = 7、t_4 < 932℃	第一台发电用燃气轮机(1939 年) MS3000/3002A.B.C	p = 4 000 kW、π_c = 7、t_4 < 932℃、p < 10 MW、η_{gt} = 0.18～0.25
20 世纪 60～70 年代	J85、TF30、M53、Spey、WP7、RB211、JT8D(第二代)	π_c < 16(个别 < 20)、t_4 < 1 280℃、F/W = 3～5	Pegasus	工业 Pegasus	π_c = 7.32、t_4 = 852℃、sfc = 347 g/(kW·h)、P = 3 300 kW	如 MS5000(Fr5)	π_c < 8、t_4 < 932℃、p < 22 MW、η_{gt} < 0.28
			J79	LM1500(第一代)	π_c = 12.4、t_4 = 847℃、sfc = 329 g/(kW·h)、p = 3 300 kW、η_{gt} = 0.26		
20 世纪 70～80 年代	F100-GE-100/200、F110-GE-100、F404-GE-100、RB199、RD-335、PW4082、Trent 800(第三代)	π_c < 25、t_4 < 1 350℃、F/W = 7～8	TF39/CF6-2	LM2500	π_c = 18、t_4 = 1 170℃、sfc = 233 g/(kW·h)、p = 2 400 kW、η_{gt} = 0.30	如 MS9001E、V94.2、701D	π_c = 10～15、850℃ < t_4 < 1 000℃、p < 200 MW、η_{gt} = 0.28～0.34
			Spey	SM1A 工业型	π_c = 17.2、t_4 = 1 036℃、sfc = 246 g/(kW·h)、p = 11 000 kW、η_{gt} = 0.30		

续　表

年代	航空燃气轮机（大型）		轻型燃气轮机			重型燃气轮机	
	性能参数	典型型号	母型机	轻型机	性能参数	典型机型	性能参数
20世纪70~80年代	$\pi_c < 25$， $t_4 < 1350℃$， $F/W = 7 \sim 8$	F100-GE-100/200，F110-GE-100，F404-GE-100，RB199，RD-335，PW4082，Trent 800（第三代）	RB211	工业RB211	$\pi_c = 18$， $t_4 = 1076℃$， $sfc = 252 \ g/(kW·h)$， $p = 19\,000 \ kW$， $\eta_{gt} = 0.35$		
			CF6-50	LM5000	$\pi_c = 29.3$， $t_4 = 1149℃$， $p = 43\,440 \ kW$， $\eta_{gt} = 0.37 \sim 0.49$	如MS9001E，V94.2，701D	$\pi_c = 10 \sim 15$， $850℃ < t_4 < 1000℃$， $p < 200 \ MW$， $\eta_{gt} = 0.28 \sim 0.34$
			JT8D	FT8（第二代）	$\pi_c = 20.3$， $t_4 = 1168℃$， $p = 24\,790 \ kW$， $\eta_{gt} = 0.38$		
20世纪80~90年代	$\pi_c < 30$， $t_4 = 1500 \sim 1700℃$， $F/W = 9 \sim 10$	F119，M88-3，EJ200，P2000（第四代）	Trent	工业Trent	$\pi_c = 21$， $p = 51 \sim 64 \ MW$， $\eta_{gt} = 0.416 \sim 0.52$		
			F404	LM1600	$\pi_c = 25$， $t_4 = 1387℃$， $sfc = 229 \ g/(kW·h)$， $p = 15 \ MW$， $\eta_{gt} = 0.372$	PG9351FA，M701G2，501H，V94.3A，GT24，GT26	$\pi_c = 15 \sim 23$， $t_4 = 1300℃$ 左右， $p = 230 \sim 350 \ MW$（大型）， $\eta_{gt} = 0.37 \sim 0.58$
			PW4082	工业PW4082（第三代）	$\pi_c = 36$， $t_4 = 1370℃$， $p = 50 \ MW$， $\eta_{gt} = 0.43$		

续 表

年代	航空燃气轮机（大型）		轻型燃气轮机			重型燃气轮机	
	典型型号	性能参数	母型机	轻型机	性能参数	典型机型	性能参数
20 世纪 90 年代末～21 世纪初	（尚未公布型号）	$\pi_c \approx 30$， $t_4 > 1700℃$， $F/W = 15 \sim 20$（车机）	Trent 800	Trent 60	$\pi_c = 34$， $p = 52$ MW、 $\eta_{gt} = 42.9$		$\pi_c = 15 \sim 23$， $t_4 = 1430 \sim 1600℃$、 $p = 280 \sim 480$ MW、 $\eta_{gt} > 0.39 \sim 0.60$
			RB211/Trent	WR-21（间冷回热）	$\pi_c = 16$， $p = 25$ MW、 $\eta_{gt} = 42.3$		
			Trent 800	MT30	$\pi_c = 26$， $p = 40$ MW、 $\eta_{gt} = 40$		
当前	GEnx、Trent 1000、GE90	$\pi_c = 50$， $t_4 > 1700℃$	GE90-115B	LMS100（间冷）	$\pi_c = 44.5$， $p = 99$ MW、 $\eta_{gt} = 44.5$	M701J	$\pi_c \geq 23$， $t_4 \geq 1600℃$， $p = 400 \sim 600$ MW、 $\eta_{gt} \geq 0.41 \sim 0.61$
				LM9000	$p = 65$ MW、 $\eta_{gt} = 43$		

注：F/W 为推重比；sfc 为燃油消耗率（$g/(kW \cdot h)$）；p 为功率；η_{gt} 为热效率；$T_4(t_4)$ 为涡轮进口温度；π_c 为压比。

在这一时期,重型燃气轮机的简单循环功率增大了 10 多倍,较轻型燃气轮机的效率低 3~5 个百分点;联合循环的效率与轻型燃气轮机的差距很小,但具有可以燃用像重油这样的劣质燃料的突出优点。

20 世纪 80 年代后期以来,由于航空发动机发展迅速,特别是民用航空发动机技术日益成熟和大量应用,西屋电气有限公司、通用电气公司、西门子公司、瑞士的阿西布朗勃法瑞(Asea Brown Boveri Ltd.,ABB)等公司通过部分技术引入(如三维可控叶型、气冷高温涡轮、耐热合金材料、耐磨且隔热涂层等),采用比例放大和国际合作(英国罗尔斯-罗伊斯公司(Rolls Royce plc.)与西屋电气有限公司及阿西布朗勃法瑞公司合作,普拉特·惠特尼集团公司(Pratt & Whitney Group)与西门子公司合作,通用电气公司中轻型、重型燃气轮机 2 个部门合作)等方式大量移植航空发动机技术,开发和应用了 MS9001F、V84－3A(采用普拉特·惠特尼集团公司的PW4000 发动机技术)、501F(采用罗尔斯-罗伊斯公司的 Trent 发动机技术)、MS9001G、MS9001H、501G、V94－3A 和 GT26 等重型燃气轮机,其生产的燃气轮机单机效率已达 36%~41.6%,最大单机功率已达 375 MW。组成联合循环机组后,发电效率达 55%~60%,联合循环机组已成为发电市场的主流机组。

3. 统筹规划、统一组织、投入巨资促进了燃气轮机的发展

从表 1.1 及有关资料可以看出,为了继续保持世界领先地位,以美国为首的世界先进国家的政府和企业界制定和实施了长期多层次的燃气轮机技术研究计划,开发和验证先进气动、新型结构、清洁燃烧、新颖材料、先进循环(湿空气、间冷、湿空气回热、超级蒸汽喷射循环)技术,以实现"更高效率与更低排放"的目标,推动了燃气轮机产品与产业的进一步发展。其中最有代表性的是美国的先进燃气轮机系统计划、美国的 Mercury50 燃气轮机燃烧系统先进材料计划、美国和欧洲合作的联合先进燃气轮机计划、欧盟先进燃气轮机系统(european community－advanced turbine system,EC－ATS)计划、欧盟的清洁高效燃气轮机计划、日本的新日光计划和煤气化联合循环动力系统计划,以及超级舰船燃气轮机(super marine gas turbine,SMGT)计划等[8],高投入和重点扶持发展使得这些国家燃气轮机制造商已研制成功一系列性能先进的燃气轮机机组,在世界范围内逐渐形成以美国通用电气公司、日本三菱公司、德国西门子公司等 3 家大公司控制大型燃气轮机及其联合循环的领域,通用电气公司、罗尔斯-罗伊斯公司、普拉特·惠特尼集团公司控制着中型航改燃气轮机及其联合循环的领域,美国索拉透平国际公司(Solar Turbines)等控制着中、小型燃气轮机(特别是海洋平台和油气管线输送)的领域。

从表 1.1 所列国内燃气轮机发展的主要进展历程与国外的进展历程对比,也可以得出如下结论。

1. 国内燃气轮机产业起步相对较晚

中华人民共和国成立后才开始全面地创建机械制造业,航空制造业(含航空动

力)伴随建立。20 世纪 50 年代航空发动机是仿制的,并开始引进国外中小型地面燃气轮机;60 年代才自制了几种类型 3 000 kW 以下的地面和舰船燃气轮机;70 ～ 80 年代开始自行研制航空发动机,地面燃气轮机中轻型燃气轮机研发与应用处于高潮阶段(应用多种燃料的四种航空发动机的 10 多种改型的 100 多台燃气轮机获得实用);另外制定的高性能航空发动机研发计划开始全面执行;20 世纪 80 年代中期至 21 世纪初重型燃气轮机合作生产和引进使用出现高潮,并制定自行发展规划,以图迎头追赶世界燃气轮机技术水平;直到 2019 年 4 月,中国航空发动机集团在沈阳成立了中国航发燃气轮机有限公司,确立了国家"两机"重大专项中、轻型燃气轮机项目的实施主体。显然由于起步晚、投入少、基础差、实施主体明确较晚,我国燃气轮机产业处于追赶阶段。

2. 国内燃气轮机技术与国外差距大

起步晚、国家经济实力和工业基础有限造成我国燃气轮机产业落后于发达国家,突出表现在:测绘仿制航空发动机作轻型燃气轮机的母型机是 20 世纪中期产品,其性能及可靠性都是低水平的;近几年国内研制的较先进的航空发动机作为改型的母型机的时机开始成熟,由其改型燃气轮机的工作 21 世纪初才开始;大中型重型燃气轮机的引进和合作生产的关键技术及成品还受国外控制,自行设计、生产还有一定困难;国内自行研制的燃气轮机的功率范围也小,性能较为先进的航改燃气轮机和重型燃气轮机因考核不足,业绩积累不足,市场推进缓慢。但应特别注意的是我国燃气轮机专业队伍人员少且分散,燃气轮机研发投入少且分散,燃气轮机发展多头管理造成研发、试验、示范考核、应用没有有机衔接等大大延长了燃气轮机的发展周期,增加了发展成本,减少了燃气轮机的生命力与盈利能力。这种情况在后续发展中应当彻底避免[9]。

目前我国重型燃气轮机总体水平与国外相比差距依然较大,具体表现在:一是未掌握 E 级、F 级燃气轮机热端部件制造与维修技术及控制技术,热端部件依赖进口;二是未形成完善的研发体系,更不具备 G 级、H 级燃气轮机及未来级燃气轮机产品研发能力和技术。

轻型燃气轮机(包含微型燃气轮机和中小型燃气轮机)方面与国外相比,微型燃气轮机还未完全建立设计、制造和运行的完整体系,部分关键技术尚未取得突破,产品尚未开始应用,高性能微型燃气轮机目前完全依赖进口。中小型工业燃气轮机行业存在较大差距,具体表现为一是中小型燃气轮机研制处于起步阶段,虽然研制了几型产品,市场尚未认可,国内市场被国外燃气轮机垄断;二是尚未完全掌握工业燃气轮机的关键技术,特别是低排放燃烧室、多种燃料燃烧室和高温涡轮冷却叶片等设计技术,未形成工业燃气轮机研发体系。

3. 国家发展的需求有利于发展我国燃气轮机产业

国家对强大国防的要求,我们迎来了国家对航空发动机研发投入增加的难得机遇。国家的能源政策和节能减排要求为燃气轮机提供了广阔的国内市场。许多专家还强调燃气轮机在西部开发中的重要性,国家实施的新世纪四大工程:西气东输、西电东送、青藏铁路、南水北调,其中前三项都与燃气轮机有关。"一带一路"的建设也会给燃气轮机发展带来新的机遇。另外,近20多年来,我国在燃气轮机技术方面也有长足进步:掌握了不同类型航机改烧多种燃料、应用于多个领域的技术,即一机多用、一机广用的技术;运用过部分先进循环,如热电联供、注水(蒸汽)、间冷、回热等;寻求洁净燃烧技术(IGCC 和 PFBC - CC)有所突破;具备了燃气轮机制造能力,积累了安装运行维护经验。因此,我国燃气轮机产业面临挑战和机遇,21 世纪是振兴我国燃气轮机产业的黄金时期,机不可失!

1.3　国内外地面燃气轮机的应用概况

燃气轮机作为最先进的热动力装置也表现在它的应用范围广阔。其中地面燃气轮机一般分为工业用和舰船用,也有的书刊上按用途分为动力传动装置、压缩空气气源和燃气发生器。如果按应用领域还可细分为如下几方面。

1. 电力工业

燃气轮机发电机组能在无外界电源的情况下快速起动与加载,很适合作为紧急备用电源和电网中尖峰载荷,能较快地保障电网的运行安全。据 *Diesel & Gas Turbine Worldwide* 2020 年 9 月统计,2019 年全年发电用燃气轮机订单为 462 台,1.0~2.0 MW 功率等级燃气轮机订单数占比最大,约 20%;燃用天然气的燃气轮机订单数占比最大(约 45%),其次为燃用柴油的订单数(约 27.3%),燃用重油和双燃料燃气轮机订单数占比分别约为 17.5% 和 10.2%;远东地区燃气轮机订单数占比最大(约 48.5%),其次为北美洲地区(约 14.1%)。承担备用电源的燃气轮机主要是功率范围为 1.0~5.0 MW(少数为 10~15 MW、30~60 MW)的小型燃气轮机,其中绝大多数为轻型燃气轮机,具体如表 1.3 所示。采用这种小型燃气轮机的移动电站(包括列车电站、卡车及船舶电站)具有体积小、起动快、机动性好等优点,特别适用于无电网的边远地区(城镇)、中小工矿企业。国外早已有此应用,我国在 20 世纪 80 年代中期研制生产的航机改型型号中大多数用于发电装置。而用作调峰电站的燃气轮机的功率范围多为 20~180 MW,属于中等功率机组。基本载荷发电主要为大机组,这是由于大功率重型燃气轮机采用联合循环单机功率大(目前最大已达 600 MW),供电效率已达 61%,远超传统燃煤电站,还因建设周期短、污染排放量小等突出优点而受到青睐。截至 2021 年 1 月,我国燃气发电装机容量突破 1 亿 kW,占总装机的 4.5%,发电量占总装机的 5%。另据 *World Turbine Forecast* 于 2018 年预测,除微型燃气轮机外,2018~2027 年全世界发电燃气轮机装置产量达 4 315 台,总产值超过 1 074.3 亿美元。

表 1.3　2019 年 1~12 月世界燃气轮机发电机组订货统计

功率等级/MW	订单总数/台	总功率/MW	按运行类型分/台			按所用燃料分/台				按地区分/台										
			备用	调峰	连续运行	烧柴油	烧重油	烧双燃料	烧天然气	西欧	东欧、俄罗斯和独联体	中东	远东	东南亚和澳大利亚	中亚	北非	中非、西非、东非和南非	北美洲	中美洲和加勒比地区	南美洲
1.0~2.0	93	130.5	89	4	0	43	39	7	4	4	0	0	89	0	0	0	0	0	0	0
2.01~3.5	26	71	26	0	0	9	10	7	0	0	0	0	26	0	0	0	0	0	0	0
3.51~5.0	68	279.7	57	11	0	28	30	1	9	4	0	2	60	2	0	0	0	0	0	0
5.01~7.5	72	405.5	20	50	2	20	2	0	50	4	0	2	20	5	2	10	3	24	0	0
7.51~10	25	198.7	1	24	0	10	0	0	15	7	1	0	3	1	0	0	0	13	0	0
10.01~15	24	305.6	0	24	0	7	0	0	17	2	0	0	6	3	1	0	8	3	1	0
15.01~20	23	312.8	2	17	4	9	0	0	14	2	0	1	4	0	0	0	5	0	0	2
20.01~30	14	239.6	3	6	5	0	0	5	9	2	0	0	0	5	0	0	0	5	0	2
30.01~60	59	1 651	25	28	6	0	0	27	32	8	6	5	3	5	7	0	0	10	0	14
60.01~120	23	765	13	9	1	0	0	0	23	0	0	5	12	0	0	0	0	1	0	0
120.01~180	0	0	0	0	0	0	0	0	0	0	0	0	0	0	0	0	0	0	0	0
≥180.01	35	11 266	0	31	4	0	0	0	35	4	2	6	13	3	2	0	0	2	0	3
总　计	462	15 625.4	236	204	22	126	81	47	208	42	21	19	224	23	12	15	16	65	2	23

　　近年来,随着节能减排的需要,分布式供能越来越受到重视,采用热电冷联供的方式可以使总能利用率达到 85% 以上,大大提高了能源利用率。

　　不难看出,地面燃气轮机在电力领域是使用大户。也有资料表明,目前全世界新增火电容量中,燃气轮机及其联合循环机组占 50% 以上。电力专家预言:燃气轮机联合循环电站将成为 21 世纪电力生产的主要形式,燃气轮机的研制将迎来一个新的高潮。

　　2. 石油工业

　　陆地油气田和海上平台广泛地应用燃气轮机进行发电、注水、注气、油气管道输送、气举采油及供热等,这主要是由于燃气轮机的燃料(原油、柴油、天然气及生产过程中伴生气)能就地取用,以及燃气轮机的其他优点而做出的选择。据 *Diesel & Gas Turbine Worldwide* 2018 年 10 月统计,2017 年 1~12 月世界燃气轮机驱动市场订货统计如表 1.4 所示,其中,30.01~60 MW 功率等级燃气轮机订单数占比最大,达 65%;北美洲燃气轮机订单数占比最大,达 35%。

表 1.4　2017 年 1~12 月世界燃气轮机驱动市场订货统计

功率等级/MW	台数	总功率/MW	按所用燃料分/台			按地区分/台										
			烧柴油	烧重油	烧天然气	西欧	东欧、俄罗斯和独联体	中东	远东	东南亚和澳大利亚	中亚	北非	中非、西非、东非和南非	北美洲	中美洲和加勒比地区	南美洲
1.0~2.0	0	0	0	0	0	0	0	0	0	0	0	0	0	0	0	0
2.01~3.5	0	0	0	0	0	0	0	0	0	0	0	0	0	0	0	0
3.51~5.0	1	3.5	0	0	1	0	0	0	0	0	0	1	0	0	0	0
5.01~7.5	3	17	0	0	3	0	0	3	0	0	0	0	0	0	0	0
7.51~10	2	8	0	0	2	0	0	0	0	0	0	0	0	2	0	0
10.01~15	0	0	0	0	0	0	0	0	0	0	0	0	0	0	0	0
15.01~20	3	49.5	0	0	3	0	0	0	0	0	0	0	3	0	0	0
20.01~30	3	86	0	0	3	0	0	0	3	0	0	0	0	0	0	0
30.01~60	22	765.4	0	0	22	1	0	3	1	0	0	0	4	10	0	3
60.01~120	0	0	0	0	0	0	0	0	0	0	0	0	0	0	0	0
120.01~180	0	0	0	0	0	0	0	0	0	0	0	0	0	0	0	0
>180.01	0	0	0	0	0	0	0	0	0	0	0	0	0	0	0	0
总　计	34	929.4	0	0	34	1	0	6	4	0	0	1	7	12	0	3

　　石油工业部门使用燃气轮机作为压缩机和泵站动力,用于油气管路增压输送,其燃气轮机采用量很大。对于输气管线,每隔 100 km 建立一个加压站,苏联自 1964 年采用第一台增压燃气轮机以来,至 1993 年上半年沿其 220 000 km 输气管线安装了约 5 000 台燃气轮机,总功率约为 5 000 万 kW。其中包括世界著名的从西伯利亚至西欧的长 2 万多千米的管线(六条干线组成)上有 172 个增压站。所采用的燃气轮机是苏联的各种航改燃气轮机,约占轻型燃气轮机生产量的 90%。我国西气东输等管线也采用了大量燃气轮机,主要是美国通用电气和英国罗尔斯-罗伊斯公司的航改燃气轮机。

　　注水和注气是保持油田压力,实现稳产、高产的有效措施。一般注水采用 1 000 kW 左右燃气轮机驱动水泵,国产 WZ5G、WZ6G 等机组已作此用。注气压力比注水压力高得多(最高达 60 MPa),注气量也大,所需压缩机功率达数万至数十万千瓦,我国暂时提供不了如此大功率的燃气轮机作动力,尚需进口。气举采油类似注气需要大功率燃气轮机。

　　3. 化工(含石化)及冶金(钢铁厂和炼焦厂)行业

　　这些行业既需要供电、供热(蒸汽),又在生产过程中排放大量中、低热值的可燃气体,可以进行合理利用,称为燃气轮机的节能应用。国内外在燃气轮机上燃用各种气体燃料的研究工作均已完成,获得了实用经验,因此在这些行业中采用燃气轮机,既可节能,又可保护环境,实属一举多得的综合开发。我国自行研制的WJ6G1T 燃气轮机已经成功燃用焦炉煤气发电;WS9G1A 燃气轮机燃用炼厂气用于发电;QD128 燃气轮机燃用山西潞安化工尾气用于发电[10]。

4. 舰船动力

燃气轮机具有尺寸紧凑、重量轻、操作灵活(加速性好)、可靠性高等优点,与舰船动力要求相符。航改燃气轮机作为舰船主动力装置发展的重要途径,已占据显著优势。舰船包括军用舰艇和民用商船等。

早在1943 年,英国将F2 涡喷发动机去掉尾喷管改为燃气发生器,再加装4 级动力涡轮成为1 台分轴燃气轮机,功率为1 837.5 kW,命名为"加特里"号(Gatric),于1947 年安装在MGB2009 舰艇上下水,成为世界上第1 艘军用舰艇燃气轮机。1958 年美国莱康明发动机公司(Lycoming)将分轴的涡桨发动机T53 改型后作为水翼艇的推进动力。

20 世纪60 年代后,大型涡喷和涡扇发动机问世,航改型用于舰船动力发展更为迅速。苏联和美国在军舰上大量配备燃气轮机。1969 年后,英国新设计建造的中型水面舰艇几乎全部采用燃气轮机作为主要推进动力。世界上其他国家也在舰艇上采用燃气轮机动力,目前已有30 多个国家的海军全部舰船实现燃气轮机化。我国WJ6、WS9 等改型的轻型燃气轮机曾试图用于气垫船和舰船,但由于种种原因最终未实现应用[11]。

一般舰船动力多采用轻型燃气轮机,也有采用柴油机-燃气轮机组合动力装置,前者作为巡航动力,后者作为加速动力,也有采用全燃动力的。表1.5 列出了1981~2008 年各种主动力装置装舰情况,由此可见,大中型水面舰船中约3/4 采用了燃气轮机(含柴燃联合)。世界上主要生产航改舰船用燃气轮机的公司有美国通用电气公司(产品有LM2500 系列、LM1500、LM1600、LM6000 等)、英国罗尔斯-罗伊斯公司(产品有 Olympus、Tyne、Spey、RB211、WR - 21、MT30 等)等,乌克兰主要生产非航改舰船燃气轮机。我国的航改舰船燃气轮机也已开始步入快速发展的时期。

表1.5 1981~2008 年各种主动力装置的装舰情况

舰 种	主 动 力 装 置					
	核动力	锅炉汽轮机	燃气轮机	柴燃联合	柴油机	合计
航空母舰/艘	9	3	4	1	0	17
巡洋舰/艘	3	0	33	0	0	36
驱逐舰/艘	0	23	138	28	15	204

舰　种	主 动 力 装 置					
	核动力	锅炉汽轮机	燃气轮机	柴燃联合	柴油机	合计
护卫舰/艘	0	6	108	229	119	462
总　计/艘	12	32	283	258	134	719
百分比/%	1.67	4.45	39.36	35.88	18.64	100

　　20 世纪 70~80 年代世界许多国家已生产出适用于舰船使用的 50 多种轻型燃气轮机,单机功率从 3 675 kW 增加到 36 750 kW,耗油率从 0.49 kg/(kW·h)降至 0.185 kg/(kW·h),每功率(kW)重量从几千克降到 0.19 kg。用它们组成的联合动力装置覆盖了 3 675~117 600 kW 的功率范围,保证每挡功率都有可供选择的多种机组。这些机组既保证了舰船具有较高的航速和较大的续航力,又保证了宽敞的舱室面积,比蒸汽轮机、柴油机动力装置具有明显的优越性。

　　进入 20 世纪 90 年代后,由于舰船推进要求具有功率大、效率高的燃气轮机,许多大的燃气轮机公司通过对先进航空发动机的改装及其技术的移植,研制了多种性能更为先进的舰船燃气轮机。典型舰船燃气轮机如表 1.6 所示。其中 LM6000PC 是先进的大涵道比涡扇发动机 CF6-80C2 的船用改型,但由于其到 0.9 工况以上才停止放气,故船上采用不多;WR-21 的重要部件采用了罗尔斯–罗伊斯公司可靠的 Trent、RB211 和 Spey 等航空发动机的部件,由于其采用了间冷回热循环,全工况范围性能优良,号称为 21 世纪舰船用最具竞争实力的燃气轮机。另外罗尔斯–罗伊斯公司最新研制出的 40 000 kW 的 MT30 舰船燃气轮机被公认为是当今世界最先进的大功率舰船燃气轮机。

表 1.6　典型舰船燃气轮机

型　号	供用起始(年份)	ISO连续功率/kW	效率/%	ISO最大功率/kW	压比	空气流量/(kg/s)	动力涡轮转速/(r/min)	排气温度/℃	重量/kg	长×宽×高/(mm×mm×mm)	备　注
通用电气公司海事分部											
LM500	1980	4 474.2	31.4	4 474.2	14.4	16.3	7 000	565	902.6	3 048×914.4×914.4	
LM1600	1987	14 317.4	36.6	14 814	21.4	47.2	7 000	510	3 719.5	4 267.2×2 133.6×2 133.6	
LM2500	1969	24 608.1	37.4	25 055.5	19.3	70.3	3 600	566.1	4 672	6 400.8×2 133.6×2 133.6	
LM2500+	1998	30 200.8	39.3	30 200.8	22.2	85.7	3 600	518.3	5 236.7	6 705.6×2 133.6×2 133.6	
LM2500+G4	2005	35 323.8	39.5	35 323.8	24.0	92.9	3 600	548.9	5 236.7	6 705.6×2 133.6×2 133.6	

续　表

型　号	供用起始（年份）	ISO 连续功率/kW	效率/%	ISO 最大功率/kW	压比	空气流量/（kg/s）	动力涡轮转速/（r/min）	排气温度/℃	重量/kg	长×宽×高/（mm×mm×mm）	备　注
LM6000PC	1997	57 330	42.2	57 330	28.5	123.8	3 600	456.1	8 169.2	7 315. 2×2 438. 4×2 438.4	

注：所有功率都基于 19 412 kJ 的低热值液体燃料

发动机及涡轮机联盟腓德烈斯哈芬有限公司

型　号	供用起始（年份）	ISO 连续功率/kW	效率/%	ISO 最大功率/kW	压比	空气流量/（kg/s）	动力涡轮转速/（r/min）	排气温度/℃	重量/kg	长×宽×高/（mm×mm×mm）	备　注
LM2500	1969	25 055.5	37.4	25 055.5	19.3	70.3	3 600	566.1	4 672	6 400. 8×2 133. 6×2 133.6	
LM2500+	1998	30 200.8	39.3	30 200.8	22.2	85.7	3 600	518.3	5 236.7	6 705. 6×2 133. 6×2 133.6	
LM2500+G4	2011	35 323.8	39.5	35 323.8	24.0	92.9	3 600	548.9	5 236.7	6 705. 6×2 133. 6×2 133.6	

普拉特·惠特尼集团公司

型　号	供用起始（年份）	ISO 连续功率/kW	效率/%	ISO 最大功率/kW	压比	空气流量/（kg/s）	动力涡轮转速/（r/min）	排气温度/℃	重量/kg	长×宽×高/（mm×mm×mm）	备　注
FT8 - 3	1990	27 460.4	38.8	29 634.1	19.7	86.1	3 000/3 600/5 500	481.7			

罗尔斯-罗伊斯公司

型　号	供用起始（年份）	ISO 连续功率/kW	效率/%	ISO 最大功率/kW	压比	空气流量/（kg/s）	动力涡轮转速/（r/min）	排气温度/℃	重量/kg	长×宽×高/（mm×mm×mm）	备　注
AG9140	1986	3 952.2	29.6		11.3	15.6	14 340	553.3	5 236.7		
RR4500	2004	4 496.6	32.4		14.3	20.9	14 600	515	766.6		
Spey	1987	19 500	37.5		21.9	66.7	5 500	457.8	1 759.9		
WR - 21	1997	25 241.9	42.2		16.2	73	3 600	355.6	7 420.8		
MT30	2001	35 998.7	39.9		24.0	116.6	3 300/3 600	473.9	6 985.3		机械或电力驱动
MT30	2008	53 640	40.1		25.7	121.6	3 418	486.7	6 985.3		机械驱动

注：所有功率都基于 19 412 kJ 的低热值液体燃料；MT30 包括 4″和 6″安装损失

西门子公司

型　号	供用起始（年份）	ISO 连续功率/kW	效率/%	ISO 最大功率/kW	压比	空气流量/（kg/s）	动力涡轮转速/（r/min）	排气温度/℃	重量/kg	长×宽×高/（mm×mm×mm）	备　注
SGT - 500	1998	17 002	32.5	18 299.5	12.0	206	3 600	378.9	29 937.1	10 972.8×3 352. 8×3 962.4	

万瑞可动力系统有限责任公司（Vericor Power Systems,LLC）

型　号	供用起始（年份）	ISO 连续功率/kW	效率/%	ISO 最大功率/kW	压比	空气流量/（kg/s）	动力涡轮转速/（r/min）	排气温度/℃	重量/kg	长×宽×高/（mm×mm×mm）	备　注
TF40	1976	2 982.8	27.9	3 430.2	8.5	12.6	15 400	582.2	601	1 219. 2×914. 4×914.4	2 台燃气轮机
ETF40B	2001	3 754.6	30.2	4 071.5	10.1	13.7	15 400	600	646.4	1 219. 2×914. 4×914.4	2 台燃气轮机
TF50A	1998	3 803.1	30.2	4 175.9	9.9	13.6	16 000	602.2	709.9	1 524×914.4×914.4	2 台燃气轮机

型　号	供用起始(年份)	ISO连续功率/kW	效率/%	ISO最大功率/kW	压比	空气流量/(kg/s)	动力涡轮转速/(r/min)	排气温度/℃	重量/kg	长×宽×高/(mm×mm×mm)	备　注
曙光机械设计科研生产联合体											
UGT3000	1981	3 355.6	31.5		13.5	15.5	9 700	440	2 494.8	2 438.4×1 219.2×1 219.2	
UGT3000R	1981	3 355.6	29.5		14.0	16	8 800	470	2 798.7	2 743.2×1 828.8×1 828.8	可反转
UGT6000	1978	7 457	32.6		14.5	31.9	7 000/10 000	440	3 501.7	3 048×1 524×1 828.8	
UGT6000R	1978	7 457	30.5		15.0	32.5	4 750	470	3 801.1	3 352.8×1 828.8×1 828.8	可反转
UGT6000+	1997	8 948.4	33.6		16.0	34	7 000	470	3 501.7	3 048×1 524×1 828.8	
UGT6000R+		8 948.4	31.5		16.5	34.5	7 300	500	3 801.1	3 352.8×1 828.8×1 828.8	可反转
UGT10000	1998	10 439.8	36.6		19.0	36	4 800/6 500	490	4 200.3	3 657.6×1 828.8×1 828.8	
UGT15000	1988	16 927.4	35.6	17 896.8	20.0	72.9	5 300	430	8 999.3	4 876.8×2 743.2×2 743.2	
UGT15000R	1988	14 914	33.6		19.0	69.9	4 400	400	4 797.6	5 181.6×2 743.2×3 048	可反转
UGT15000+	1998	20 283	36.6		20.0	73.9	3 500	460	8 449.3	4 876.8×2 743.2×2 743.2	
UGT16000	1982	16 778.2	32.6		13.5	97.7	5 300	350	15 998.2	5 791.2×2 743.2×3 048	
UGT16000R	1982	16 778.2	30.5		13.5	100	3 600	380	16 900.9	6 096×2 743.2×3 048	可反转
UGT25000	1993	29 306	37.7		22.5	93.9	3 460	500	13 997.9	6 400.8×2 438.4×2 743.2	

经过多年技术储备,德国、日本、英国、美国以燃气轮机为动力的民用高性能舰船兴盛起来,如双体船、冲浪船、气垫船、水面效应船等。有些高性能舰船的推进系统由螺旋桨改为由大功率燃气轮机带动喷水泵产生的喷水推进[12]。由于这种方式具有无振动、噪声低、污染小等优点,是理想的动力,为燃气轮机开辟了新的船用市场。从 20 世纪 90 年代开始,在意大利、瑞士、俄罗斯等国家和地区建造的多艘单体船、双体船(渡船)、高速船、气垫船等投入运营。所采用的燃气轮机多采用前述几家著名公司的机型。

5. 铁路机车动力

20 世纪 60 年代中期开始,美国、法国、日本、德国及苏联等纷纷研制和试验铁路机车用燃气轮机,配装高速旅客列车。最为突出的是法国利用 Turmo 系列轻型燃气轮机作为动力,1967~1972 年已生产 72 台机车动力,全部投入高速客运。

我国早在 20 世纪 60 年代开始开发机车燃气轮机技术,并于 1969 年在燃用柴油的"长征一号"机车上应用。在 20 世纪 80 年代开展了航机改型燃用重油及煤(煤浆和煤粉)的多方案论证工作。最后在南方动力机械公司的 WJ6G4A 上开展了燃用重油的研发工作,并试验成功。这种动力的机车更适合在电力无法达到的偏远地区运行,因为电力高速铁路的出现,大大加快了铁路运输的发展。

6. 战车动力

坦克和装甲车的发展,对其动力提出了严格要求:低温(-40℃)可靠点火起动,加速性好,耗油率低,能燃用多种燃料(煤油、柴油),在上述要求中,燃气轮机对传统柴油机是一个挑战,即燃气轮机能满足其中大部分要求,是理想的动力。唯独在耗油率方面高于柴油机,因此在坦克动力的选择问题上有所分歧。

早在 20 世纪 50 年代,英国率先研制了世界第一台车用燃气轮机,作为汽车动力。其后世界各国开展了车辆用燃气轮机开发工作,功率为 20~1 340 kW,用于小轿车、大轿车、载重汽车、装甲车、坦克等。例如,美国的 XM-1 主战坦克采用 AGT-1500 燃气轮机;苏联的 T80 主战坦克采用 GTD1000 型燃气轮机,1981 年投入使用,1991 年 GTD1250 装备改型的 T80U 型坦克。1972 年美国开始研制的 GT601 车用燃气轮机,于 1981 年应用于 M-2 机械化步兵战车上。1991 年,美国通用汽车公司研制的车用燃气轮机项目取得了重大突破,推出一种以陶瓷材料取代超耐热合金的新型车用燃气轮机,解决了燃气轮机叶轮耐热材料不过关的难题。德国奔驰汽车公司,法国雷诺汽车公司和标致汽车公司,瑞典沃尔沃汽车公司,日本丰田汽车公司、日产汽车公司和三菱汽车公司也都在当时研制车用燃气轮机。为了改善燃气轮机性能,在 AGT-1500、GT601 等燃气轮机上采用了回热循环,使燃烧室出口温度比不采用回热的高 200℃,降低了耗油率。再加上采用分轴、可调涡轮导向器等措施,可以保证其耗油率接近柴油机水平。这表明车辆动力采用燃气轮机的弱点正在被燃气轮机自身的技术进步所克服。

另外,其他军用车辆,如雷达车、自行高炮和导弹发射车等需要数十千瓦的辅助电源等领域,燃气轮机发电机组由于体积小、重量轻、发电品质好等优点,国外在该领域已获得相当广泛的应用。

7. 燃气喷射机

航空发动机中的涡轮喷气发动机,顾名思义即在它的喷管后喷出一股燃气。利用这一特点,苏联将 ВК-1、Д-20П、РД-3М、АИ-20 等航空发动机改型为燃气喷射机,用作清扫机场跑道、铁路、公路上的冰雪和垃圾等。

利用航空发动机加力燃烧室(也称补燃室)出口产生含氧量低于 3% 的燃气,再喷入大量水以形成低温惰性水气(窒息性气体)作为煤矿井下灭火装置,在苏联及波兰得到成功应用。中国航空动力机械研究所和煤炭科学研究总院抚顺分院于1985 年成功地将 WZ5 航空发动机改型为 DQ－1000 型惰性气体灭火装置,并成功地扑灭过煤矿井下火灾。

燃气喷射机也可以用于引射式抽风装置和喷射式挖土机等,苏联都有成熟产品。

1.4　燃气轮机技术回顾和展望

1.4.1　燃气轮机技术回顾要点

燃气轮机已有 80 多年发展历史,其性能、效率和技术水平有了很大提高。基于经济发展战略和国际竞争需要,许多国家将先进燃气轮机技术作为本国科技重点优先发展。据 2011 年出版的《世界燃气轮机手册》统计,全世界主要有 35 家燃气轮机生产和成套厂家,生产的主要产品型号有 95 种,其中有四五家大公司及伙伴厂家的产品份额占全世界总量的 80% 以上。不同类型、功率等级的燃气轮机获得了广泛应用。这些内容在前面的概况中做了简要介绍,本节主要回顾几十年来燃气轮机产业成长壮大历程及所涉及的主要关键技术,并展望其前景。

燃气轮机 80 多年来得以迅速发展,主要依靠其自身的使用价值。用户考虑的是它的适用性、经济性和可靠性;制造厂家重视的是它的投资、赢利和市场。燃气轮机技术研发必须兼顾双方需求。早在 20 世纪 80 年代,燃气轮机工程界提出了高热效率和燃料适应性是能源经济中的两个关键因素。作为一种热动力装置,还有其他许多要求,如低排气污染、长寿命、高可靠性、使用维护方便等。这些关键技术和要求必然成为燃气轮机技术研发的重点[13]。

1. 高热效率

从早期的燃气轮机热效率仅 18% 提高到目前的 η_{sc} = 36% ～ 41.6%(简单循环),η_{cc} = 55% ～ 60%(联合循环),正在研制的新一代燃气轮机 $\eta_{sc} \geqslant 41\%$、$\eta_{cc} \geqslant 61\%$。所采取的主要措施是提高循环参数(主要是压力、温度);改进部件效率(主要是气动和结构设计);采用先进循环(如回热、间冷、再热及各种联合循环)。

在提高循环参数方面,提高涡轮进口温度难度最大,为此又主攻了热端部件的几项关键技术:先进冷却技术;高温材料技术;热障涂层技术及新的工艺技术等。

在改进部件效率方面着力于以下几项:一是发展、完善新型设计计算方法,在叶轮机设计计算中运用了三维计算流体力学;在燃烧室数值模型计算中融入了计算流体力学、数值传热学、计算燃烧学及经验、半经验关系式。二是不断创新的零部件结构,这主要源于航空发动机的压气机(风扇)、燃烧室、涡轮等的新颖结构设计,当然也有地面燃气轮机自身发展中的创新结构。

在采用先进循环方面,由于燃气轮机工作在地面(水上),允许增添附加设备或另一种循环装置而开发了许多新型热力循环(图 1.3)。最为明显的是目前由简单循环改为联合循环,其热效率增加 15%~20%,相应功率也增加,业内已经受益很大。

2. 燃料适应性

早期的重型燃气轮机是在燃煤的蒸汽轮机基础上发展的,轻型燃气轮机是燃用煤油的航空发动机改型。面对地球上各种气态、液态和固态燃料的开发与利用,为了合理利用、节约能源,两种类型地面燃气轮机都必须扩大燃料使用范围。重型燃气轮机较早地改烧了各种燃料,而轻型燃气轮机面临的困难很大,特别是改烧劣质燃料(如重渣油、中低热值煤及固态煤)是对燃气轮机性能和可靠性的一个严峻考验,并引起其结构上一系列大的更改。轻型燃气轮机由"吃细粮到吃粗粮"的改造工作量最大,主要集中在燃烧室及相关部分[14]。国外于 20 世纪 70 年代在重型燃气轮机上完成了大量改烧各种燃料的研究和应用工作(表 1.7),我国 20 世纪 80 年代末在航机改型中进行了大量课题研究和工程实用,表 1.8 列出了几种改型机试用或采用的多种燃料。

表 1.7　多种燃料在国外燃气轮机上的应用

类　别	燃料名称	工业型燃气轮机	航机改型燃气轮机
液体燃料	柴油	广泛应用(约占燃气轮机总量 30%)	广泛应用
	原油	如通用电气公司的 MS5001P	
	重油	如西屋电气有限公司的 501B;西门子公司的 V94.3;通用电气公司的 PG5361、MS9001E 等	通用电气公司的 LM2500;罗尔斯-罗伊斯公司的 RB211 改型等
气体燃料	天然气	广泛应用	广泛应用
	液化石油气	如通用电气公司的 MS3002	
	炼厂气	通用电气公司的 PG6531B;日本三菱公司的 MW251 等	罗尔斯-罗伊斯公司的 Avon 和 RB211 改型;通用电气公司的 LM2500PE
	矿井气	如索拉透平国际公司的 Centaur 燃气轮机;挪威德莱赛兰(Dresser-Rand)的 KG2/LG3;通用电气公司的 MS5001	
	生物气	如索拉透平国际公司的 Centaur 燃气轮机	美国、巴西、芬兰等计划用于 LM2500
	焦炉煤气	通用电气公司在 MS5001 上应用	
	发生炉煤气	通用电气公司在 MS5001/MS6001 上试用	
	高炉煤气	布朗勃法瑞公司的燃气轮机试用;日本三菱公司在 MW701D 上应用(掺焦炉煤气)	

续　表

类　别	燃料名称	工业型燃气轮机	航机改型燃气轮机
固体燃料	煤粉	俄罗斯进行大量研究；美国艾利逊先进技术开发公司（Allison Advanced Development Company）在 AGT－5 上试用	
	煤水浆	罗尔斯-罗伊斯公司在 501－KB5 上试用；通用电气公司计划用于 MS7001F；西屋电气有限公司、索拉透平国际公司进行过大量研究	通用电气公司在 LM500 上试用，并计划用于 LM2500

表 1.8　多种燃料在国内航机改型燃气轮机上或仅在其燃烧室上的应用

燃　料	机　型									
	WJ6G	WJ5G	WZ5G	WZ6G	WP5G	WP6G	WS9G	QD128	QD70	QD185
柴油	＊	＊	＊	＊		＊	＊	＊	＊	＊
重油	△									
天然气	＊	＊	＊	＊		＊	（＊）	＊	＊	＊
炼厂气							＊	＊		
焦炉煤气	＊							（＊）		
矿井气	○		○							
化肥厂合成二气			△							
化肥厂伴水煤气	（＊）									
发生炉煤气	○									
煤粉					○					
煤水浆					○					

注：＊已在航机改型燃气轮机上应用；△已在航机改型机上试用；○燃烧室上试用；（＊）计划改烧。

3. 低污染燃烧技术

目前人们在提到燃烧技术时，总是称高效低污染燃烧技术。因为高效是指高的燃烧效率，它与燃气轮机的热效率相关，也与高的燃烧室出口温度（即涡轮进口温度）有关。高的燃烧室出口温度是产生高氮氧化物（NO_x）的根源，即燃气轮机排放的污染物的"元凶"。也就是说高效率与低污染是相矛盾的。因此，人们自然要求燃烧室既要烧好，能产生高温，又要减少排放燃气中的污染物，以降低环境污染。折中解决困难多，是技术的关键。

大型航空发动机和大功率燃气轮机的单台空气流量达每秒几百千克，所产生的燃烧废气很多，其中有固态的烟尘，气态的一氧化碳（CO）、未燃烧的碳氢化合物（UHC）、二氧化硫（SO_2）和 NO_x 等污染物。降低 CO 和 UHC 含量，意味着节约燃料及提高燃气轮机热效率。燃煤燃烧装置产生的 SO_2 和高循环参数（π_c、T_4）易产生 NO_x，这两项污染物是危害人体健康和农作物生长的大敌。还有大量排放的

CO_2,虽然不是污染物,但能带来温室效应。

各国都在降低各类热能动力装置燃烧产物中的污染物。早在 20 世纪 50~60 年代,国外为了提高军用飞机的隐蔽性而首先着手解决航空发动机冒烟(固态烟尘)问题;70 年代初,美国公布航空发动机排气污染标准,推出了控制各种排气污染的研究工作。当时主要研究了各种污染产生的机理、影响因素。在此基础上对已有发动机燃烧室进行改进,即在保持燃烧室总体结构不变的前提下,采取各种可能的补救性措施,除降低排气冒烟外,对低工况下的 CO、UHC,高工况下的 NO_x 都进行控制。这些改进取得了一定效果,但这种在常规燃烧室上采取的措施不能全面满足标准要求,往往顾此失彼。美国随后于 1974 年制定了实验清洁燃烧室项目计划(experimental clean combustor program, ECCP),提出了高效节能发动机 E^3 方案,燃烧室结构有许多创新性变化,经过实验研究获得了大量珍贵的研究成果。70~90 年代,低污染燃烧技术一直是航空发动机和地面燃气轮机研究的重大课题。1992 年美国的先进涡轮系统计划及美国和欧洲国家的联合先进燃气轮机计划,其中都将低污染燃烧技术作为重点内容,并列出了几项重点研究的低污染燃烧室方案,如贫油预混燃烧室、催化燃烧室、富油-猝熄-贫油燃烧系统(rich burn/quick quench/lean burn RQL)、替换燃料燃烧室(IGCC 中高温脱硫)等。至 90 年代末,先进航空发动机和地面燃气轮机上已采用了研究成果,如径向、轴向分级燃烧室,贫油预混燃烧室等。

4. 拓宽应用范围

地面燃气轮机的应用范围很广泛,这是燃气轮机开发商根据军民用市场需求、能源状况变化、燃气轮机技术进展等因素,坚持长期努力拓宽应用范围的结果。大致表现在以下几方面。

(1)将不断创新的航空发动机母型机改型为轻型燃气轮机,以满足先进中、小挡功率燃气轮机市场需求。表 1.2 示出了不同年代轻型燃气轮机的性能水平。目前世界最具实力(订单最多)的通用电气公司在航空发动机、地面燃气轮机方面发展最为迅速。

(2)移植先进航空发动机技术提高重型燃气轮机(特别是大功率重型燃气轮机)性能,以满足日益增长的电力工业需求。目前 100 MW 以上的燃气轮机多用于发电,而 300 MW 以上的燃气轮机几乎全部用于发电。这主要是重型燃气轮机在保留结构优点的同时,采用航空发动机多项先进技术,如三维可控扩散叶型、空气冷却高温涡轮、耐热合金材料、隔热层等。在技术上由部分吸取到全面采用,按比例放大;在组织上许多重型燃气轮机的生产厂与航空发动机公司合作、转让技术、兼并,使得航空发动机与重型燃气轮机技术合流,并产生新的突破。如罗尔斯-罗伊斯公司向西屋电气有限公司及阿西布朗勃法瑞公司转让 RB211、Trent 先进航空发动机技术(如定向结晶涡轮叶片)开发了 501 系列重型燃气轮机。又如 1992 年西门子公司与普拉特·惠特尼集团公司达成长期合作关系,新开发的 3A 型燃气轮机就是双方先进技术合作的成果。其他许多重型燃气轮机公司也有类似情况。中航工业沈阳发动机设计研究所通过移植航空发动机和航改燃气轮机技术开展设计,由沈阳黎明航空发动机集团有限责任公司总承制开发了 100 MW 级 R0110 重型燃气轮机。

(3) 根据世界能源状况大力开发燃煤燃气轮机技术,以在未来油、气资源短缺时抢占市场。长期以来,燃用油气燃料的发电用燃气轮机高性能联合循环机组具有明显优势,是 21 世纪电力生产的主要形式。鉴于油气资源有限、价格昂贵,燃煤燃气轮机技术备受关注。从 20 世纪 70 年代出现石油危机后,工业发达国家都在大力开展燃煤燃气轮机研究工作,主要着力开发燃煤联合循环。目前最有前景的是整体煤气化联合循环和流化床燃煤联合循环,它们已经开始进入商业化实用阶段,但是尚未成熟。整体煤气化联合循环为代表的燃煤联合循环将是 21 世纪能源建设的重要方向。中航工业沈阳发动机设计研究所与沈阳黎明航空发动机集团有限责任公司在燃用天然气 R0110 燃气轮机基础上开发了用于整体煤气化联合循环的 100 MW 级重型燃气轮机 R0110A。整体煤气化联合循环实质上是在燃油(气)的燃气-蒸汽联合循环基础上叠加洁净煤气化系统,其中还有多种组合方案。

(4) 鉴于分布式供电的发展和军用等各方面需求,微型燃气轮机和超微型燃气轮机技术方兴未艾。功率在数百瓦以下的燃气轮机称为微型燃气轮机。功率在 100 W 以下的称为超微型燃气轮机。它们是一种小型热力发动机,都可以组成先进的发电机组及混合动力,具有高效、低污染、体积小、重量轻等突出优点,应用范围非常广泛,是燃气轮机中的新秀和重要分支,是近年来兴起的新技术。微型燃气轮机开发研究始于 20 世纪 60 年代,但是作为新型的小型分布式能源和电源装置的发展历史较短。可能由于在军事设备上采用的原因,技术保密严格,1995 年才真正展示样机,目前已有美国、英国、日本等国的多种产品进入市场。我国许多大城市的高档办公场所已采用了由微型燃气轮机组成的冷热电联供装置,今后需求量将更多。

(5) 优化燃气轮机各系统,提高其可靠性。随着燃气轮机成套设备不断发展及设计、制造、使用和维护技术的不断更新,其可靠性和使用寿命提高很大;但是在性能、结构、材料、工艺、控制、试验和维护等方面都需要完善,特别因使用环境恶劣、燃用劣质燃料、低工况工作、尖峰载荷运行等各种复杂性因素,会影响燃气轮机的可靠性和使用寿命。因此,国外许多国家建立了燃气轮机的可靠性规范和标准。燃气轮机成套装置的可靠性是广大用户最为关心的问题;装置可靠性也是制造商赢得信誉、取得大批订单的关键。为此必须在设计、制造和使用维护等各个环节,切实贯彻、执行可靠性要求。与可靠性相关的因素很多,一般包括进气过滤装置、部件材料选择、监控系统的稳定性、消声器效果、防腐蚀措施、运行和维护规程等[15]。

1.4.2　燃气轮机技术前景展望

燃气轮机技术的发展与应用历来依赖于航空发动机技术和理论的发展、燃气轮机自身技术的发展、相关学科技术的发展及市场需求的激励。在讨论燃气轮机技术前景时也离不开上述几方面。目前在展望燃气轮机技术前景时,不外乎根据西方国家制定的中长期航空和地面燃气轮机及相关学科研发规划中经过验证且具有突出价值的正在研究和尚未完成的一些项目。这些项目的筛选仍是依据高效、节能、低污染、低成本、高可靠性等要求。具体包括进一步提高燃气初温、压气机压比,从而进一步提高机组功率、效率等;适应燃料多样性需求;改变基本热力循环,采用新工质,完善控制系统,优化总体性能[16]。

1. 重型燃气轮机

重型燃气轮机不断向高参数、高性能、低污染发展,通过研究和应用新技术、新工艺,2020 年重型燃气轮机最高初温可达 1 700℃,联合循环效率可达 65%[17]。

欧美等地区和国家正在探索用于未来级燃气轮机的新一代高温材料与冷却技术。研究新一代超级合金、粉末冶金材料、金属基/陶瓷基复合材料,研究单晶合金、超级冷却叶片、热障涂层、抗氧化和热蚀的涂层等技术。研究综合应用冲击/气膜复合冷却、多孔层板发散冷却、发汗冷却、闭式蒸汽冷却等新型冷却技术,适应新一代燃气轮机更高进口温度的苛刻要求。

采用先进的气动设计技术,进一步提高压气机与涡轮部件性能。研究可控涡设计、自由涡设计、掠弯扭叶片技术、多圆弧叶型、可控扩散叶型、间隙流动控制等技术,减小各类损失。如采用压气机多级可调叶片技术,以保证宽广范围内压气机能够高效工作;如压气机附面层抽吸技术、流动稳定性被动与主动控制技术,大幅度地减少多级轴流压气机级数/轴向长度/重量,大幅度地扩大压气机稳定工作范围[18]。

拓宽燃料适应范围,进一步降低 NO_x 等污染物排放。高效、低污染、稳定燃烧技术始终是燃气轮机的前沿技术,世界各燃气轮机制造商都发展了各自的控制污染排放技术,投入了很大的力量研究开发干低排放(dry low emission,DLE)燃烧室,并应用于各自的现代燃气轮机产品中。

优化总体性能和完善控制系统。如采用新型热力循环(包括先进湿空气涡轮循环等)和新工质(包括混合工质等),优化总体性能,完善控制系统,获得更高效率的燃气轮机发电机组[19]。

每一项技术的突破都将是叶轮机械气动热力学的革命性进步,都将带来燃气轮机性能的显著提高。

2. 中小型燃气轮机

中小型燃气轮机的主要发展方向集中在以下几方面。

提高燃气轮机参数,改进部件设计,提高机组性能。通过提高燃气初温、改进部件性能等措施,不断提高机组性能。

一机多用,系列化发展。由于燃气轮机研发费用高、周期较长,因此在设计上力求一机多用,系列化发展。通过局部的设计改动,满足舰船、工业驱动和发电等不同应用领域的要求。

采用高效低排放燃烧室。无论是舰船燃气轮机,还是工业驱动和发电燃气轮机,都要求降低燃气轮机的 NO_x 排放,各大公司都致力于低排放燃烧室的研发。

采用先进的复杂循环,提高机组性能。通过回热循环、间冷回热循环、湿空气涡轮循环等方式,提高机组性能。如采用间冷循环的 WR-21 燃气轮机,不仅额定工况下效率达 42%,而且在 0.3 工况下效率也超过 36%[20]。

随着环保意识的增强和国际燃气轮机排放标准的颁布,燃气轮机排放早已得到世界各国的高度重视。目前,燃气轮机主要通过采用贫油直接喷射燃烧系统、贫油预混气化燃烧系统、富油-猝熄-贫油燃烧系统、非绝热燃烧系统及内置催化稳定燃烧系统(NO_x 排放水平低于 1×10^{-6})等低污染排放燃烧技术,即在不对燃烧稳定产生不利影响的情况下,降低燃烧区火焰温度,从而降低 NO_x、CO 和 UHC 等的排放量,并且已经取得明显的效果。这些新型低排放燃烧室的采用,将会大大降低 NO_x、CO、UHC 和颗粒状物等的排放量。

除以上发展方向外,由于中小功率燃气轮机应用范围较广,不同应用领域的燃气轮机有各自发展的特点。

3. 微型燃气轮机

微型燃气轮机的发展方向主要集中在:多燃料、低污染、高效燃烧室研究,开发变工况性能良好的压气机和涡轮,提高微型燃气轮机发电机组的可靠性。

通过研究不同种类(天然气、低热值合成气、生物质气和燃油)和不同热值燃料燃烧工作参数对燃烧稳定性的影响,解决燃烧过程局部超温问题,研制多燃料、低污染、高效燃烧室。

通过开发高效、低噪声压气机,开发变工况性能良好的向心式涡轮,优化压气机、燃烧室与涡轮结构参数的匹配特性,提高微型燃气轮机发电机组的可靠性。

4. 舰船燃气轮机

舰船燃气轮机的发展方向主要集中在以下几方面。

(1) 功率与热效率逐步提高,耗油率下降。无论是简单循环还是复杂循环,世界舰船燃气轮机的功率与效率逐步提高,耗油率不断降低。简单循环舰船燃气轮机主要通过提高压比、燃气初温和部件效率等措施,提高功率与热效率。目前简单循环的大功率舰船燃气轮机热效率已经达到 40% 以上,耗油率已经降低到 0.200 kg/(kW·h)级[21]。

(2) 复杂循环舰船燃气轮机主要包括间冷、回热、间冷回热(intercooled recuperated,ICR)、蒸汽回注、燃-蒸联合、湿空气涡轮等循环燃气轮机,主要通过改进热力循环来提高热效率,特别是在部分载荷下的性能。未来,采用复杂循环的舰船燃气轮机,其热效率有望进一步提高。

（3）可靠性与可维护性不断提高。舰船燃气轮机的可靠性与可维护性也是非常重要的指标。发达国家通过实施先进技术预研计划开发和验证一些综合的燃气轮机技术方案,使舰船燃气轮机燃烧效率与可靠性提高、可维护性改善、环境影响减小、红外/雷达/声学信号降低,进而使目前和未来的海军燃气轮机动力装置的总费用、易损性降低,作战有效性增强[22]。

（4）产品向系列化、谱系化发展。以基准航空发动机为基础,燃气轮机设计与制造商改型研制不同类型和不同功率的燃气轮机,充分地体现了"一机为本、衍生多型、满足多用、形成谱系"的特点,不仅赋予航空发动机顽强的生命力,形成更新换代的良性发展态势,也保证了燃气轮机的可靠性、先进性及周期短、风险低和成本低的特点。由于研制和生产燃气轮机的难度大,以成熟燃气轮机为基础不断升级改进,提高性能与降低排放,是燃气轮机产品系列化发展的另一个发展途径。

1.5　航改燃气轮机的一般原则

1.5.1　总体性能综合平衡

技术方案的确定主要是在尽量地继承航空母型机的基础上,在性能和寿命可靠性方面进行折中选择。

目前,航机船用化改装,燃气温度有两挡选择:最大间断工况和最大连续工况。最大间断工况限时使用,占总工作时数的 4%～5%,而最大连续工况占总工作时数的 50%;最大连续工况的燃气温度选择比航机最大间断工况要低很多,例如:

（1）SM1A 比 TF41 约低 180℃;

（2）工业 RB211 比航机 RB211 约低 230℃;

（3）LM2500 比 TF39 约低 184℃;

（4）FT9 比 JT9D 约低 120℃;

（5）TM3C 比 Olympus 约低 180℃;

（6）LM1500 比 J79 约低 150℃。

不难看出,船用化改装设计中,T_4^* 的选择可以根据母型机的最大工况应力状态和长期使用工况应力状态来决定。一般航机最大间断工况应力比长期使用工况应力高 13%～15%;船用化改装最大间断工况的 T_4^* 比航机最大间断工况的 T_4^* 低 70～100℃,可以满足几百小时的寿命要求。如果要满足几千小时的寿命要求,只能选用最大连续工况,相应温度还要低 100℃。

因此，T_4^* 的选择，要比航机最大间断工况低 170~200℃，视航机寿命长短而相应增减，这是满足几千小时使用寿命要求的条件之一。

发电用燃气轮机，一般长期在 1.0 工况附近工作，涡轮前温度高、转速快，因此，1.0 工况的参数选择要略低于船用。当然，其低循环次数要比船用燃气轮机少，对寿命有利。当然，以上这些原则也只是近似的，最终的设计，还要通过强度、寿命计算和试验验证。

1.5.2　部件结构尽量继承

航空发动机的部件是经过工艺攻关、各种零部件性能和强度试验、整机长试和长期使用逐步完善确定的，没有特别需要轻易不要改变，否则，将会投入大量的经费用于验证改后的可靠性。

航空发动机改型成航改燃气轮机时，都要选择参数适宜的成熟航机作为原型机，燃气发生器改动越小越好，除非为了燃用双燃料、减少污染，对燃烧室和喷嘴做必要的改进。这样既继承了原型航机的成熟结构和技术经验，也可适当地吸收其他航机和燃气轮机上成熟的先进结构、技术和工艺，做到在技术上不需冒较大的风险。如 LM1600 是由 F404 改型而来的，仅将 F404 的 3 级宽弦风扇做了削顶处理，变成 3 级低压压气机，加上 1 级可调进口导向叶片，新设计一个前框架组件，压比从 F404 的 26 降为 22，其余基本没变。从而保留了 F404 的先进冷却技术、防腐材料和涂层、高载荷低展弦比叶片设计和单元体结构。又如 LM2500+燃气轮机压气机是在 LM2500 的基础上，移植 F404 的宽弦叶片整体叶盘技术，设计一个"零"级压气机，增大 23% 的空气流量；其第 1~3 级压气机转子叶片是移植 CF6 - 80C2/LM6000 的叶型设计。而在航改燃气轮机中最为简单的莫过于 Avon 这类涡喷发动机，去掉尾喷口，配上合适的动力涡轮，即构成用于机械驱动用的燃气轮机，是体现部件结构尽量继承的代表[23]。

1.5.3　要尽量与航空母型机资源共享

与航空母型机的生产线、试验设施、技术资源要尽量共享，这样可以大大节省成本，缩短研制周期，并有利于服务保障。航改燃气轮机核心部件与航空发动机生产共享，生产工具及设施配套齐全，工艺技术成熟，保证了燃气轮机的加工质量和供应量；航改燃气轮机在制定试验技术条件、拟定测量方案、确定试验程序等方面与航空发动机大部分相同，可大部分利用航空发动机的试验方法、零部件试验设备等资源。以通用电气公司为例，舰船航改燃气轮机研制由通用电气公司航空事业部负责，便于技术资源共享；LM6000 和 LM2500 等舰船燃气轮机在美国俄亥俄州的埃汶代尔工厂进行研发、总装、试验，该工厂同时是通用电气公司航空工程、研发发动机测试和发动机组装操作的中心[24]。

第2章
航改燃气轮机总体性能及仿真技术

随着航空发动机技术的快速发展,特别是热效率、可靠性和耐久性的提高,各大航空发动机公司为满足市场需求纷纷将先进的航空发动机技术向工业和舰船燃气轮机转移。这种直接将成熟的航空发动机改型派生出地面的燃气轮机,称为航改燃气轮机。由于航改燃气轮机具有投资少、周期短、见效快、效率高、经济性好、可靠性高、使用维护方便等特点,越来越受到世界航空发动机公司的重视。可以说,航空发动机是航改燃气轮机的前提和基础,而航改燃气轮机是母型航空发动机的必然延续和发展,因此,地面轻型燃气轮机走航空发动机改型之路是一种回收投资,是取得更高经济效率和社会效率的重要途径。

本章将介绍航改燃气轮机(包括简单循环和间冷循环航改燃气轮机)总体性能设计及仿真、总体性能设计点设计方法、非设计点稳态性能设计方法、过渡态性能设计仿真及验证等。

2.1 简单循环航改燃气轮机总体性能设计及仿真

2.1.1 航改单轴燃气轮机设计(分轴燃气轮机)

单轴燃气轮机是指燃气发生器(由压气机、燃烧室、涡轮组成)只有一根轴,带动压气机的涡轮和输出功率的涡轮分别配置在彼此独立的轴上的一种分轴燃气轮机,如图2.1所示。空气在1处进入压气机,压气机排出的空气在2处进入燃烧室,燃料被燃烧以提高3处的气体温度,燃气在高压涡轮中膨胀,以生成足够的动力来驱动压气机。然后,离开涡轮的燃气在动力涡轮中膨胀,并在5处离开动力涡轮。从动力涡轮输出的动力驱动负载,如泵、压缩机、螺旋桨或发电机等。

由于使用环境和负载发生了变化,因此航改燃气轮机必须进行一系列适应性更改。航空发动机改型为单轴燃气发生器的途径一般可归纳为以下几种。

1)单转子航空发动机

(1)涡喷发动机。去掉排气喷管,加上一个适宜的动力涡轮,适用于一般的单转子涡喷发动机的改型,如 Avon[25]。

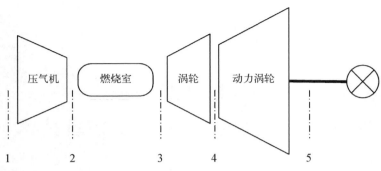

图 2.1 分轴燃气轮机示意图

（2）涡轮螺旋桨/涡轮轴发动机。燃气发生器结构基本不变，只对某些零部件的材料和涂层做适应性更改，适用于一般的单转子涡轮螺旋桨/涡轮轴发动机的改型，如 Astazou Ⅳ。

2）双转子航空发动机

（1）涡喷发动机。去掉低压压气机和排气喷管，加上适宜的动力涡轮，适用于一般双转子涡喷发动机改型，如 Olympus TM3B/C[26]。

（2）涡扇发动机。去掉风扇，低压涡轮改为动力涡轮或重新设计动力涡轮，适用于一般双转子涡扇发动机改型，如 LM2500 及 LM2500+。去掉风扇、加力燃烧室及尾喷管，低压涡轮改为动力涡轮，适用于一般双转子加力式涡扇发动机改型，国内的如 QD70。

（3）涡轮螺旋桨发动机。由于在空中只是输出轴功率，改动量较小，仅需将自由涡轮改为动力涡轮或重新设计动力涡轮，适用于一般双转子涡轮螺旋桨发动机改型，如 ST6L 系列。

（4）涡轮轴发动机。同涡轮螺旋桨发动机一样，改动量较小，自由涡轮可作为动力涡轮，适用于一般双转子涡轮轴发动机改型，如 Makila TI。

1. 总体性能设计点设计方法

如前面所述，航空发动机是航改燃气轮机的前提和基础，而航改燃气轮机是母型航空发动机的必然延续和发展，因此航空发动机与航改燃气轮机的设计必然存在许多异同点。相同点主要包括以下几方面。

（1）具有相同的循环原理。都是从进气口吸入空气通过压气机增压后，在燃烧室点燃，再通过高温高压燃气驱动涡轮膨胀做功。

（2）具有相同的核心部件。均由压气机、燃烧室、涡轮组成。

（3）具有基本相同的研究内容。

① 均以气动力学学科为基础，从气体性质、气体流动角度出发，研究压气机、燃烧室、涡轮等部件及各部件之间的匹配对燃气轮机整机性能的影响。

② 均以燃烧学为基础,研究燃烧的完全性、稳定性、降低污染排放等。

③ 均以强度、传热传质学为基础,设计各零部件表面及流体的合理温度场分布。

④ 均以固体力学学科为基础,研制满足使用要求的燃气轮机的材料、工艺和结构。

⑤ 均以控制学学科为基础研制控制系统,保证燃气轮机高性能工作。

⑥ 还涉及声学、振动力学等。

(4) 体系共享。

① 设计体系共享。轻型燃气轮机核心部件与航空发动机相同,在追求功率(推力)大、可靠性高、机动性好等设计目标上与航空发动机相同,采用已有的航空发动机设计理念、设计流程、设计软件和数据库,在总体、防腐、多种燃料燃烧、低排放等方面补充完善,即可初步形成轻型燃气轮机研发的设计体系。

② 制造体系共享。航改燃气轮机核心部件与航空发动机生产共享,生产工具及设施配套齐全,工艺技术成熟,保证燃气轮机具有较高的加工质量和供应量。

③ 试验体系共享。轻型燃气轮机在制定试验技术条件、研究试验对象的技术特点、拟定测量方案、确定外界对燃气轮机影响的程度和试验程序等方面与航空发动机大部分相同,航改燃气轮机可大部分地利用航空发动机的试验方法、零部件试验设备等资源。

④ 科研队伍共享。燃气轮机和航空发动机是高技术型风险产业,需要大量研发人才不断努力积累技术、革新技术,并将取得的研究成果进行应用以适应技术进步和需求变化的需要。利用航空发动机研制培养的专业科技人员研发燃气轮机,可降低燃气轮机研制风险。

⑤ 综合保障体系共享。航改燃气轮机的综合保障体系在人力、供应、保障设备和实施等方面可与航空发动机共享,具有较好的基础。

由于航空发动机和航改燃气轮机使用环境与用途不同,因此必然存在一定的区别。

(1) 设计理念侧重点不同。航空发动机追求高推重比,这就要求提高压气机和涡轮的单级工作载荷,而燃气轮机在满足高功率密度要求的前提下更多地追求高热效率。

(2) 压气机设计点换算转速不同。对于双转子航空发动机,经低压压气机或风扇压缩后,高压压气机进口气体温度和压力明显升高,而双转子航空发动机改成分轴或单轴燃气轮机后,由于去掉低压压气机或风扇,压气机进口气体温度和压力基本为环境温度与压力。若燃气轮机仍取母型航空发动机高压压气机设计点换算转速,则由于压气机进口气体流量降低,燃气轮机性能受到限制,因此,航改分轴燃气轮机一般都会调整压气机设计点换算转速。

（3）能量输出方式不同。燃气轮机通过动力涡轮输出扭矩，与涡轴和涡桨发动机类似，但涡喷、涡扇发动机则通过尾喷管排出的高速气流产生反作用推力。

（4）低压涡轮（燃气轮机为动力涡轮）出口参数要求不同。燃气轮机产生的可用功几乎全部转变为动力涡轮轴功率以带动负载，动力涡轮出口燃气速度和温度较低，而航空发动机为了使燃气从尾喷管中高速喷出以产生反作用推力，要求低压涡轮出口燃气的速度和温度都很高。

（5）燃烧室和喷嘴要求不同。航空发动机使用航空煤油，航空发动机改型为航改燃气轮机时可烧柴油、天然气或混烧，燃烧室和喷嘴需做必要的改进。

（6）环境使用要求不同。在海洋环境下使用的燃气轮机，如舰船用和海上采油平台用，燃气轮机叶片需要涂上特殊防腐涂层，必要时需更换材料，另外在抗冲击、减振降噪、三防等方面也有一定要求。

（7）使用方式不同。航空发动机一次工作时间较短（一般军用战斗机 8 h 以内），状态变化多，机动性要求高，而地面燃气轮机一次起动运行时间长（可达上千小时以上），状态比较平稳。

（8）寿命不同。军用航空发动机寿命一般为 1 500~3 000 h，而燃气轮机一般为 100 000 h 以上，通常在航改过程中需采用降低物理转速和燃气初温的方法提高寿命。

1）循环参数及选择

航改燃气轮机的工作范围通常没有航空发动机要求的宽广，但由于航改燃气轮机使用环境和负载发生了变化，因此必须进行一系列研究。航改燃气轮机成功的关键是在充分地考虑并满足与航空发动机不同工作环境和任务条件下，千方百计实现高可靠性、长寿命和低使用成本。航改分轴燃气轮机参数选择需考虑因素包括以下几方面。

（1）结构继承性、简单性和经济性。航空发动机改型成分轴燃气轮机时，都要选择参数适宜的成熟航空发动机作为原型机，燃气发生器基本不动，除非需增大压气机进口流量，设计增加"零"级压气机，或是为了满足燃用双燃料及低排放要求，需对燃烧室和喷嘴做必要的改进[27]。动力涡轮可重新设计，或选用通用涡轮，也可继承航空发动机低压涡轮，这样可最大限度地保证零部件与航空发动机的通用性。重新设计的动力涡轮可与燃气发生器进行较好的匹配，从而获得较好的燃气轮机性能，但增加了研制周期和费用。继承航空发动机低压涡轮可最大限度地缩减分轴燃气轮机研制周期和降低整机研制费用，但由于航空发动机低压涡轮出口温度和速度较高（特别是加力式燃气涡轮发动机），出口损失相对较高，从而影响燃气轮机的热效率。

（2）设计参数的适当降低。为了实现航改燃气轮机的长寿命，除适当地吸收其他航空发动机和燃气轮机在材料、涂层和先进冷却技术等方面的成熟经验，并努力改进航改后燃气轮机的性能外，一般情况下，航改分轴燃气轮机的设计参数都要比原型航空发动机适当降低，降低参数主要包括：涡轮进口温度降低（降低 100℃

左右),当然,下降数值的大小还与燃气轮机的用途有关,当用于地面发电时,特别是在基本载荷下需长时间连续运行时,涡轮进口温度下降得更多;燃气发生器物理转速降低,一般将设计转速取在原型机巡航转速附近[28]。

(3) 分轴燃气轮机设计状态换算转速的选择。双轴涡喷或涡扇发动机进口气流经低压压气机或风扇后,气体增压、增温,因此设计状态下燃气发生器的换算转速将比物理转速低得多。当改为分轴燃气轮机时,需去掉低压压气机或风扇,这样分轴燃气轮机的进口温度和压力将接近大气,若仍以母型航空发动机的燃气发生器换算转速作为设计转速,则燃气轮机性能不能得到充分体现。通常在选择分轴燃气轮机设计状态换算转速时需兼顾燃气轮机高性能和长寿命的要求,如将设计状态燃气发生器换算转速选择略低于燃气发生器物理转速,这样既能保证压气机压比不至于比航空发动机降低过多,同时又能满足航改燃气轮机对长寿命和高可靠性的要求[29]。

2) 设计点计算

以分轴燃气轮机为例,简述设计点计算过程[30]。气体为完全气体,流动为一维定常流动,气体流经进气道、压气机和涡轮时,具有各自的比定压热容 C_p、比定容热容 C_V 和比热比 k。 根据给定条件,计算燃气轮机各截面参数和性能参数。

设计点算例如下所示。

(1) 热力计算已知数据。

① 燃气轮机在地面静止状态条件下工作(海平面标准大气条件):

$H = 0$, $T_0 = 288$ K, $P_0 = 101\ 325$ Pa。

② 空气流量 $q_m = 200$ kg/s。

③ 工作过程参数 $\pi_c^* = 10.2$, $T_3^* = 1\ 140$ K。

④ 各部件效率及损失系数:

进气道总压恢复系数 $\sigma_i = 0.99$;

压气机效率 $\eta_c^* = 0.84$;

燃烧室总压恢复系数 $\sigma_b = 0.90$;

燃烧室效率 $\eta_b = 0.98$;

燃气涡轮效率 $\eta_l^* = 0.89$;

动力涡轮效率 $\eta_{t,p}^* = 0.885$;

冷却空气系数 $g_{cool} = 0.035$(在压气机出口抽出,冷却涡轮后在动力涡轮前掺入燃气);

机械效率 $\eta_m = 0.98$;

排气系统总压恢复系数 $\sigma_e = 0.96$。

(2) 需求参数。

① 动力涡轮输出比功 $w_{t,p}$;

② 动力涡轮输出功率 $p_{t,p}$;

③ 耗油率 sfc。

（3）热力计算步骤。

① 进气道出口气流参数的计算：

$$T_1^* = T_0 = 288(\text{K})$$

$$P_1^* = \sigma_i p_0 = 0.99 \times 101\,325 = 100\,312(\text{Pa}) \tag{2.1}$$

② 压气机出口气流参数的计算：

$$p_2^* = p_1^* \pi_c^* = 100\,312 \times 10.2 = 1\,023\,182(\text{Pa}) \tag{2.2}$$

由变比热拟合公式,得压气机进口 H_1^* 和 ψ_1^* 为

$$H_1^* = -1.047\,58 + 1.004\,15 \times T_1^* = 288.148$$

$$\psi_1^* = 7.802\,01 + 0.010\,414\,3 \times T_1^* - 0.871\,623 \times 10^{-5} \times T_1^{*2} = 10.078\,4 \tag{2.3}$$

压气机出口理想熵函数 $\psi_{2,i}^*$ 为

$$\psi_{2,i}^* = \psi_1^* + \lg \pi_c^* = 10.078\,4 + 1.008\,6 = 11.087\,0 \tag{2.4}$$

由变比热拟合公式得 $T_{2,i}^*$ 和 $H_{2,i}^*$ 为

$$\begin{aligned}
T_{2,i}^* = &-0.174\,713 \times 10^4 + 0.540\,265 \times 10^3 \times \psi_{2,i}^* \\
&- 0.495\,662 \times 10^2 \times \psi_{2,i}^{*2} + 1.604\,24 \times \psi_{2,i}^{*3} \\
&- 0.162\,647 \times \psi_{2,i}^{*4} + 0.015\,973\,2 \times \psi_{2,i}^{*5} = 554.645(\text{K})
\end{aligned}$$

$$H_{2,i}^* = 3.596\,94 + 0.968\,196 \times T_{2,i}^* + 0.610\,914 \times 10^{-4} \times T_{2,i}^{*2} = 559.396(\text{J/kg}) \tag{2.5}$$

根据压气机效率的定义,可得

$$H_2^* = H_1^* + \frac{H_{2,i}^* - H_1^*}{\eta_c} = 611.062(\text{J/kg}) \tag{2.6}$$

由变比热拟合公式可求得

$$T_2^* = -18.778\,7 + 1.085\,35 \times H_2^* - 0.108\,229 \times 10^{-3} \times H_2^{*2} = 604.043(\text{K}) \tag{2.7}$$

压气机比功等于实际焓增：

$$w_c = H_2^* - H_1^* = 322.914(\text{J/kg}) \tag{2.8}$$

③ 燃烧室出口气流参数的计算：

$$p_3^* = \sigma_b p_2^* = 0.90 \times 1\ 023\ 182 = 920\ 864\ (\text{Pa})$$

$$T_3^* = 1\ 140\ (\text{K})\ (给定) \tag{2.9}$$

④ 油气比 f 的计算：

油气比修正系数 θ_f 为

$$\theta_f = \frac{0.97 \times 42\ 900}{\eta_b H_u} = 0.989\ 8 \tag{2.10}$$

油气比 f 按拟合公式计算为

$$f = \theta_f [(-0.011\ 096\ 6 + 0.197\ 799 \times 10^4 T_3^* + 0.495\ 727 \times 10^{-8} T_3^{*2})$$
$$+ (5 - 0.01 T_2^*)(0.002\ 58 + 0.2 \times 10^{-6} T_3^*)] = 0.015\ 065\ 1 \tag{2.11}$$

⑤ 涡轮出口气流参数的计算：

$$w_t = w_c / (1 + f - g_{cool}) \eta_m = 336.206\ (\text{J/kg}) \tag{2.12}$$

由变比热拟合公式得

$$H_{3,a}^* = 0.321\ 975 \times 10^3 + 0.046\ 981\ 1 T_3^* + 0.939\ 525 \times 10^{-3} T_3^{*2} - 0.262\ 836 \times 10^{-6} T_3^{*3}$$
$$= 1\ 207.14\ (\text{J/kg})$$

$$\theta_{H_3} = -0.160\ 747 \times 10^3 + 0.884\ 484 T_3^* + 0\ 175\ 335 \times 10^{-3} T_3^{*2} + 0.408\ 376 \times 10^{-6} T_3^{*3}$$
$$- 0.140\ 527 \times 10^{-8} T_3^{*4} = 1\ 443.11\ (\text{J/kg})$$

$$H_3^* = H_{3,a}^* + \frac{f}{1+f} \theta_{H_3} = 1\ 228.558\ (\text{J/kg})$$

$$H_4^* = H_3^* - w_t = 892.352\ (\text{J/kg}) \tag{2.13}$$

由燃气焓值 H_4^* 求温度 T_4^*，应先经过迭代计算求出相同温度下空气的焓值 $H_{4,a}^*$，拟合公式提供修正系数 θ_H 为空气焓值 H_a^* 的函数，先以燃气焓值代替空气焓值得到修正系数 θ_{H_4}。

$$\theta_{H_4} = -206.027 + 0.949\ 191 H_4^* + 0.348\ 278 \times 10^{-3} H_4^{*2} = 918.317\ (\text{J/kg})$$

$$H_{4,a1}^* = H_4^* - \frac{f}{1+f} \theta_{H_4} = 878.722\ (\text{J/kg})$$

$$\theta_{H_4} = -206.027 + 0.949\ 191 H_{4,a1}^* + 0.348\ 278 \times 10^{-3} H_{4,a1}^{*2} = 896.972\ (\text{J/kg})$$

$$H_{4,a2}^* = H_4^* - \frac{f}{1+f} \theta_{H_4} = 879.040\ (\text{J/kg})$$

$$\theta_{H_4} = -206.027 + 0.949\ 191 H_{4,a2}^* + 0.348\ 278 \times 10^{-3} H_{4,a2}^{*2} = 897.468\ (\text{J/kg})$$

$$H_{4,\,a3}^{*} = H_4^* - \frac{f}{1+f}\theta_{H_4} = 879.032(\mathrm{J/kg}) \tag{2.14}$$

经迭代，$H_{4,\,a3}^{*}$ 与 $H_{4,\,a2}^{*}$ 已基本相等，故算得

$$T_4^* = 27.149\,8 + 0.979\,141H_{4,\,a3}^{*} - 0.464\,182 \times 10^{-4}H_{4,\,a3}^{*\,2} = 851.979(\mathrm{K})$$
$$\tag{2.15}$$

为了计算涡轮膨胀比，需算得等熵焓降时的 $H_{4,\,i}^{*}$ 为

$$H_{4,\,i}^{*} = H_3^* - w_t/\eta_t^* = 850.789(\mathrm{J/kg}) \tag{2.16}$$

同样的方法，经过迭代求得 $T_{4,\,i}^*$。

$$\theta_{H_{4,\,i}} = -206.027 + 0.949\,191H_{4,\,i}^{*} + 0.348\,278 \times 10^{-3}H_{4,\,i}^{*\,2} = 853.646(\mathrm{J/kg})$$

$$H_{4,\,i,\,a1}^{*} = H_{4,\,i}^{*} - \frac{f}{1+f}\theta_{H_{4,\,i}} = 838.129(\mathrm{J/kg})$$

$$\theta_{H_{4,\,i}} = -206.027 + 0.949\,191H_{4,\,i,\,a1}^{*} + 0.348\,278 \times 10^{-3}H_{4,\,i,\,a1}^{*\,2} = 834.169(\mathrm{J/kg})$$

$$H_{4,\,i,\,a2}^{*} = H_{4,\,i}^{*} - \frac{f}{1+f}\theta_{H_{4,\,i}} = 838.418(\mathrm{J/kg})$$

$$\theta_{H_{4,\,i}} = -206.027 + 0.949\,191H_{4,\,i,\,a2}^{*} + 0.348\,278 \times 10^{-3}H_{4,\,i,\,a2}^{*\,2} = 838.411(\mathrm{J/kg})$$
$$\tag{2.17}$$

经迭代，$H_{4,\,i,\,a3}^{*}$ 与 $H_{4,\,i,\,a2}^{*}$ 已基本相等，故算得

$$T_{4,\,i}^* = 27.149\,8 + 0.979\,141H_{4,\,i,\,a3}^{*} - 0.464\,182 \times 10^{-4}H_{4,\,i,\,a3}^{*\,2} = 815.444(\mathrm{K})$$
$$\tag{2.18}$$

为计算涡轮膨胀比，由 T_a^*、$T_{a,\,i}^*$ 和油气比 f 算得熵函数 ψ_a^* 和 $\psi_{a,\,i}^*$ 为

$$\psi_{3,\,a}^* = 9.536\,83 + 0.001\,704\,52T_3^* + 0\,366\,499 \times 10^{-5}T_3^{*\,2} - 0.412\,95 \times 10^{-8}T_3^{*\,3}$$
$$+ 0.127\,907 \times 10^{-11}T_3^{*\,4} = 12.285\,3$$

$$\theta_{\psi3,\,a} = -0.500\,646 + 0.002\,460\,10T_3^* + 0.544\,612 \times 10^{-6}T_3^{*\,2} - 0.722\,395 \times 10^{-10}T_3^{*\,3}$$
$$- 0.117\,749 \times 10^{-12}T_3^{*\,4} = 2.705\,73$$

$$\psi_3^* = \psi_{3,\,a}^* + \frac{f}{1+f}\theta_{\psi_{3,\,a}} = 12.325\,5$$

$$\psi_{4,\,i,\,a}^* = 8.582\,66 + 0.004\,848\,24T_{4,\,i}^* + 0.398\,421 \times 10^{-5}T_{4,\,i}^{*\,2} - 0.143\,229 \times 10^{-7}T_{4,\,i}^{*\,8}$$
$$+ 0.129\,794 \times 10^{-10}T_{4,\,i}^{*\,4} - 0.401\,566 \times 10^{-14}T_{4,\,i}^{*\,5} = 11.710\,2$$

$$\psi_{4,i}^{*} = \psi_{4,i,a}^{*} + \frac{f}{1+f}\theta_{\psi,4,i,a} = 11.736\ 3 \qquad (2.19)$$

涡轮膨胀比为

$$\pi_{t}^{*} = 10^{(\psi_{3}^{*} - \psi_{4,i}^{*})} = 3.883\ 29 \qquad (2.20)$$

涡轮出口总压为

$$p_{4}^{*} = p_{3}^{*}/\pi_{t}^{*} = 237\ 135(\text{Pa}) \qquad (2.21)$$

⑥ 动力涡轮输出功率及其出口气流参数的计算:

$$p_{5}^{*} = P_{0}/\sigma_{e} = 105\ 547(\text{Pa}) \qquad (2.22)$$

动力涡轮膨胀比为

$$\pi_{t,p}^{*} = p_{4}^{*}/p_{5}^{*} = 2.246\ 72 \qquad (2.23)$$

由动力涡轮进口总温 T_{4}^{*},根据变比热拟合公式求出 H_{4}^{*} 和 ψ_{4}^{*} 为

$$H_{4,a}^{*} = 71.673\ 1 + 0.710\ 183T_{a}^{*} + 0.364\ 838 \times 10^{-3}T_{a}^{*2}$$
$$- 0.101\ 180 \times T_{a}^{*3} = 878.986(\text{J/kg})$$

$$\theta_{H_{4,a}} = -7.901\ 65 + 0.227\ 548T_{4}^{*} + 0.116\ 894 \times 10^{-2}T_{4}^{*2}$$
$$- 0.221\ 669 \times 10^{-6}T_{4}^{*3} = 897.375(\text{J/kg})$$

$$H_{4}^{*} = H_{4,a}^{*} + \frac{f}{1+f}\theta_{H_{4,a}} = 892.304(\text{J/kg})$$

$$\psi_{4,a}^{*} = 8.582\ 66 + 0.004\ 848\ 24T_{4}^{*} + 0.398\ 421 \times 10^{-5}T_{4}^{*2} - 0.143\ 229$$
$$\times 10^{-7} \times T_{4}^{*3} + 0.129\ 794 \times 10^{-10}T_{4}^{*4} - 0.401\ 566 \times 10^{-14}T_{4}^{*5} = 11.783\ 7$$

$$\theta_{\phi,4,a} = -0.278\ 105 + 0.001\ 044\ 24T_{4}^{*} + 0.281\ 488 \times 10^{-5}T_{4}^{*2}$$
$$- 0.126\ 703 \times 10^{-8}T_{4}^{*3} = 1.871\ 24$$

$$\psi_{4}^{*} = \psi_{4,a}^{*} + \frac{f}{1+f}\theta_{\phi,4,a} = 11.811\ 5 \qquad (2.24)$$

动力涡轮出口熵函数 $\psi_{5,i}^{*}$ 为

$$\psi_{5,i}^{*} = \psi_{4}^{*} - \lg \pi_{t,p}^{*} = 11.460\ 0 \qquad (2.25)$$

由 $\psi_{5,i}^{*}$ 和油气比 f 求 $T_{5,i}^{*}$,需先经过迭代计算,算出 $\psi_{5,i,a}^{*}$,第一次以 $\psi_{5,i}^{*}$ 代替 $\psi_{5,i,a}^{*}$,用拟合公式算得修正系数为

$$\theta_{\psi,5} = -2.838\,80 - 0.099\,468\,4\psi_{5,i}^* + 0.003\,991\,96\psi_{5,i}^{*2} + 0.001\,697\,08\psi_{5,i}^{*3}$$
$$+ 0.132\,314 \times 10^{-3}\psi_{5,i}^{*4} = 1.381\,92$$

$$\psi_{5,i,a1}^* = \psi_{5,i}^* - \frac{f}{1+f}\theta_{\phi,5} = 11.439\,5$$

$$\theta_{\psi,5} = -2.838\,80 - 0.099\,468\,4\psi_{5,i,a1}^* + 0.003\,991\,96\psi_{5,i,a1}^{*2} + 0.001\,697\,08\psi_{5,i,a1}^{*3}$$
$$+ 0.132\,314 \times 10^{-3}\psi_{5,i,a1}^{*4} = 1.381\,92 \tag{2.26}$$

通过反复迭代计算 $\theta_{\psi,5}$，可以用 $\psi_{5,i,a1}^*$ 算得 $T_{5,i}^*$ 为

$$T_{5,i}^* = -358.098 - 27.156\,1\psi_{5,i,a1}^* - 0.856\,323\psi_{5,i,a1}^{*2} + 0.384\,451$$
$$\times \psi_{5,i,a1}^{*3} + 0.054\,011\,9\psi_{5,i,a1}^{*4} = 692.660(\text{K}) \tag{2.27}$$

动力涡轮等熵焓降的焓值 $H_{5,i}^*$ 为

$$H_{5,i}^* = 153.997 + 0.336\,079T_{5,i}^* + 0.924\,064 \times 10^{-3}T_{5,i}^{*2}$$
$$- 0.376\,406 \times 10^{-6}T_{5,i}^{*3} = 705.023(\text{J/kg})$$

$$\theta_{H_{5,i}} = -88.383\,7 + 0.461\,719T_{5,i}^* + 0.950\,354 \times 10^{-3}T_{5,i}^{*2}$$
$$- 0.157\,821 \times 10^{-6}10^3 = 634.942(\text{J/kg})$$

$$H_{5,i}^* = H_{5,i,a}^* + \frac{f}{1+f}\theta_{5,i} = 714.446(\text{J/kg}) \tag{2.28}$$

动力涡轮实际焓降为

$$H_4^* - H_5^* = (H_4^* - H_{5,i}^*)\eta_{t,p}^* = 157.404(\text{J/kg}) \tag{2.29}$$

动力涡轮比功为

$$w_{t,p} = H_4^* - H_5^* = 157.404(\text{J/kg}) \tag{2.30}$$

动力涡轮出口总焓为

$$H_5^* = H_4^* - w_{t,p} = 734.900(\text{J/kg}) \tag{2.31}$$

动力涡轮出口总温 T_5^* 需经迭代计算求取，先以燃气焓值 H_5^* 代替空气焓值 $H_{5,a}^*$，计算修正系数 θ_{H_5} 为

$$\theta_{H_5} = -203.386 + 0.948\,716H_5^* + 0.318\,935 \times 10^{-3}H_5^{*2} + 0.309\,853$$
$$\times 10^{-7}H_5^{*3} = 678.373(\text{J/kg})$$

$$H_{5,a1}^* = H_5^* - \frac{f}{1+f}\theta_{H_5} = 725.051(\text{J/kg})$$

$$\theta_{H_5} = -203.386 + 0.948\,716 H_{5,\,a1}^* + 0.318\,935 \times 10^{-3} H_{5,\,a1}^{*\,2} + 0.309\,853$$
$$\times 10^{-7} H_{5,\,a1}^{*\,3} = 663.636\,(\text{J/kg})$$

$$H_{5,\,a2}^* = H_5^* - \frac{f}{1+f}\theta_{H_5} = 725.051\,(\text{J/kg})$$

$$\theta_{H_5} = -203.386 + 0.948\,716 H_{5,\,a2}^* + 0.318\,935 \times 10^{-3} H_{5,\,a2}^{*\,2} + 0.309\,853$$
$$\times 10^{-7} H_{5,\,a2}^{*\,3} = 663.956\,(\text{J/kg})$$

$$H_{5,\,a3}^* = H_5^* - \frac{f}{1+f}\theta_{H_5} = 725.046\,(\text{J/kg}) \tag{2.32}$$

经迭代，$H_{5,\,a3}^*$ 与 $H_{5,\,a2}^*$ 已基本相等，故算得

$$T_5^* = -18.778\,7 + 1.085\,38 H_{5,\,a3}^* - 0.108\,229 \times 10^{-3} H_{5,\,a3}^{*\,2} = 711.277\,(\text{K}) \tag{2.33}$$

动力涡轮输出功率 $p_{t,\,p}$ 为

$$p_{t,\,p} = q_{ma} w_{t,\,p} = 31\,480.8\,(\text{J/s}) \tag{2.34}$$

热效率 η_t 为

$$\eta_t = \frac{p_{t,\,p}}{q_{mf} H_u} = \frac{w_{t,\,p}}{f H_u} = 24.35\,(\%) \tag{2.35}$$

2. 非设计点稳态性能设计方法

1）各部件匹配

采用自由动力涡轮的燃气轮机广泛地应用于负载变化较大的地方，如舰船推进系统中的泵、压缩机、螺旋桨和发电机等。与单轴燃气轮机相比，这种配置燃气轮机通常设计用于较小的功率范围，并且当在该功率范围内没有单轴燃气轮机可用时也可用于发电。适用自由动力涡轮的双轴燃气轮机如图 2.1 所示。这种配置燃气轮机的燃气发生器与动力涡轮之间不存在机械耦合，但燃气轮机与动力涡轮之间存在较强的流体或气动耦合。

双轴燃气轮机的匹配中，给定功率，进气温度压力，动力涡轮转速，进、排气压力损失和空气系统冷却，双轴燃气轮机与自由动力涡轮匹配程序如下。

（1）参数预估。给定核心机转速、压气机特性线的比例等分值（β 线）、涡轮特性线的比例等分值、动力涡轮特性线的比例等分值和涡轮前温度 5 个变量。

（2）压气机。通过核心机转速和压气机特性线的比例等分值在压气机特性上插值得到压气机流量、压比和效率。进而应用式（2.36）~式（2.38）得到压气机功率及出口气动参数。

$$P_2 = P_1 \times \pi_c \tag{2.36}$$

$$T_2 = T_1 + T_1 \times C_p \times (\pi_c^{(\gamma-1)/\gamma} - 1)/\eta_c \tag{2.37}$$

$$\mathrm{Power}_c = w_1 \times C_p \times (T_2 - T_1) \tag{2.38}$$

（3）燃烧室。计算油气比，得到燃油流量，进而计算出口流量为

$$w_3 = w_2 + m_f \tag{2.39}$$

根据燃烧室总压恢复系数得到燃烧室出口总压。

（4）燃气涡轮。通过核心机转速和涡轮特性线的比例等分值在涡轮特性上插值得到涡轮流量、膨胀比和效率。进而应用式（2.40）~式（2.42）得到燃气涡轮功率及出口气动参数。

$$P_4 = P_3/\pi_t \tag{2.40}$$

$$T_4 = T_3 - T_3 \times C_p \times (1 - 1/\pi_t^{(\gamma-1)/\gamma}) \times \eta_t \tag{2.41}$$

$$\mathrm{Power}_t = w_3 \times C_p \times (T_3 - T_4) \tag{2.42}$$

（5）动力涡轮。同理，在动力涡轮特性上插值得到动力涡轮流量、膨胀比和效率。

（6）残差1。通过燃烧室出口参数得到涡轮进口换算流量为 $w_3 \times \sqrt{T_3}/P_3$。通过特性插值得到涡轮换算流量为 $f(\pi_t, N_t)$。两者差值作为残差1。

（7）残差2。燃气涡轮功[式（2.42）]与压气机功[式（2.38）]的差值为残差2。

（8）残差3。动力涡轮进口流量残差计算思路如残差1所示，即

$$\mathrm{error}_3 = w_4 \times \frac{\sqrt{T_4}}{P_4} - f(\pi_{pt}, N_{pt}) \tag{2.43}$$

（9）残差4。燃气轮机输出功率与指定功率的差值为残差4。

（10）残差5。出口压力与大气备压的差值为残差5。

这样，5个变量和5个方程构成了求解带自由动力涡轮的双轴燃气轮机非设计点的数学表达式。求解非线性系统的数值解法一般采用 NEWTON - RAPHSON 算法，也可采用目前比较流行的数值算法得到非线性系统的解。另外，也可选择其他参数如流量、压比等作为变量，以功平衡和流量平衡作为约束条件进行求解，构成求解框架的方式并不唯一。

2）稳态性能算法及案例计算

NEWTON - RAPHSON 算法作为求解非线性系统高效的方法，是将非线性系统线性化求解的过程，被广泛地应用在燃气轮机稳态模型中。但该算法对模型初值选择的要求很高，错误的初值会导致模型不收敛。NEWTON - RAPHSON 算法应用到燃气轮机稳态性能计算的流程如图 2.2 所示。在指定稳态点的句柄值和设计点

参数后,首先进行设计点计算。然后对变量赋初值,进行非设计点第一次计算,应用流量和能量平衡方程得到误差,将误差赋给线性方程组的右端常数项。接下来,逐个地对变量进行小偏差修改,重复性能计算流程,得到线性方程组的雅可比矩阵。这样,通过对线性方程组的求解,得到下一步变量的变动量,来对初始变量值做出修改。按照这样的计算流程,求解出的误差会逐步减小,当其小于一定精度时,求解过程收敛,计算完毕。

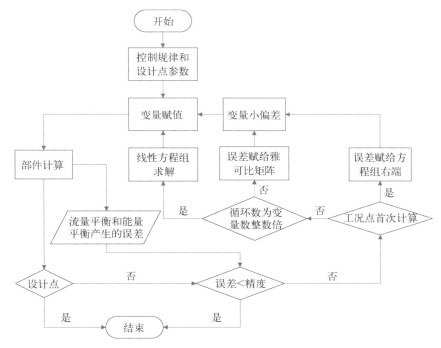

图 2.2　NEWTON‑RAPHSON 算法应用到燃气轮机稳态性能计算的流程

虽然在燃气轮机非设计点性能计算中广泛地应用 NEWTON‑RAPHSON 算法,但该算法对初值选择的要求很高,经常会因为选择错误的初值导致计算不收敛。然而,可以建立高级智能方法并将其应用到燃气轮机性能计算中。遗传算法是一种模仿自然界生物进化过程发展起来的随机全局搜索的优化方法。其基本原理是效仿生物界的“物竞天择,适者生存”的演化方法,把参数按照一定的编码方式编码成染色体,然后利用迭代的方式进行选择、交叉和变异等运算来交换种群中染色体的信息,最后找到最优的染色体[31,32]。

遗传算法的计算流程如图 2.3 所示,这里采用二进制编码,100 个个体的种群。考虑 5 个变量,种群选择 100 个这样的串结构数据,构成初始种群。适应度函数为燃气轮机部件流量误差和能量误差之和的均方差,寻找其最小值。为了达到适应度函数一定的收敛精度,选择 800 步的遗传代数。针对初始种群的操作采用选择、交叉和变异。

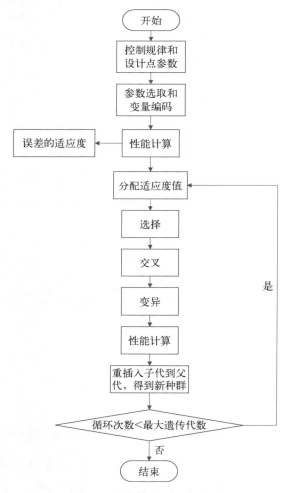

图 2.3　遗传算法的计算流程

　　应用 NEWTON – RAPHSON 算法和遗传算法搭建分轴燃气轮机模型。模型主要由压气机、燃烧室、涡轮和动力涡轮组成。变量及残差的选择参考非设计点稳态性能计算。这里,5 个变量和 5 个方程构成了求解燃气轮机稳态性能点的数学构架。

　　应用搭建模型模拟燃气轮机 1.0 工况和 0.85 工况,求解得到相应的误差精度如表 2.1 所示[33]。可以看到,应用 NEWTON – RAPHSON 算法和遗传算法计算的燃气轮机 1.0 工况和 0.85 工况的误差精度均小于 1‰。

表 2.1　两种算法的误差精度

模型应用状态	误 差 精 度
遗传算法 1.0 工况	0.000 267
NEWTON - RAPHSON 算法 1.0 工况	0.000 3
遗传算法 0.85 工况	0.000 363
NEWTON - RAPHSON 算法 0.85 工况	0.000 17

同样,在两个工况下,应用两种算法得到的 5 个变量的相对值对比如图 2.4 所示。可以看到,两种算法得到的变量差距基本均小于 0.10%。因此,可以基本肯定,两种算法计算出的燃气轮机状态是一致的。

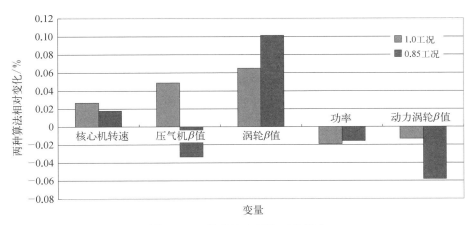

图 2.4　两种算法变量值对比精度

3. 过渡态性能设计仿真及验证

过渡态仿真是在稳态仿真的基础上,更真实地模拟燃气轮机实际工作过程,预测全部流程参数,其中包括实际试车难以测量的参数和表征燃气轮机危险性指标的参数。从而在试验前或试车中开展过渡态仿真,总结出合理的调节规律,指导试车并预测结果[34]。燃气轮机过渡态行为主要表现为转子惯性效应、质量存储效应和能量存储效应。

1) 过渡态性能计算方法

稳态计算的 NEWTON - RAPHSON 算法中,燃气轮机每个时间点的状态都是通过 NEWTON - RAPHSON 算法求解的。具体地说,就是将非线性度很高的燃气轮机模型线性化后,通过求解线性方程组得到单一时刻的燃气轮机性能参数[35]。这样,通过连接每个时间点下的燃气轮机状态,动态仿真得以模拟实现。与迭代方法不同(图 2.5),常微分无迭代法通过质量和能量守恒的容腔得到每个时刻的出口压力与温度,通过转动惯性得到每个时刻的转速,这样就可以得到每个时刻燃气轮机各个截面的参数和完整的性能状态[36]。因而,避免了非线性模型线性化过程和烦琐的线性方程组构架与求解的过程。相对于循环迭代方式,无迭代的计算方法运行速度快、收敛性好。

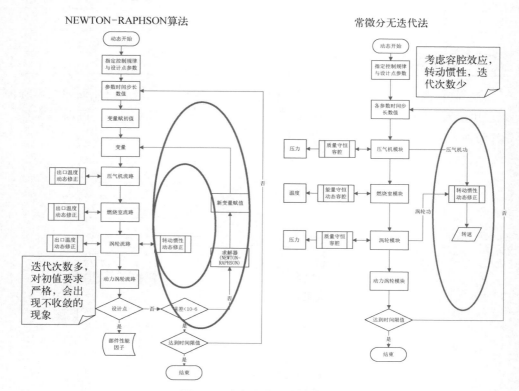

图 2.5　动态仿真方法流程对比

2) 过渡态性能仿真及验证

　　某备用电源用燃气轮机是以某小挡功率舰船燃气轮机为原型机,重新设计控制系统和进、排气系统的小挡功率发电用燃气轮机。以负载功率为调节变量,燃气轮机外场各参数的仿真结果对比如图 2.6 所示。

　　另外,舰船推进燃气轮机功率是通过后传动装置传递给螺旋桨的,螺旋桨产生的推力传给舰体,使舰体运动。在保持主机转速不变的条件下,通过操纵可调螺距螺旋桨来改变船速。这里模拟了动力涡轮转速不变,桨角变化对燃气轮机性能的影响。

　　桨角变化在性能曲线网中的影响如图 2.7(a) 所示[37]。当桨角从 33°变化到 20°时,燃气轮机相对转速从 1.0 变化到 0.899,当桨角从 20°变化到 35°时,燃气轮机相对转速从 0.899 变化到 1.03。可见,桨角减小,负载功率瞬间减小,动力涡轮转速瞬间增大,但由于动力涡轮转速的限制,燃气轮机在等动力涡轮转速下降低状态运行。当桨角增大时,负载功率瞬间增大,动力涡轮转速瞬间减小,但由于桨角-负载功率线的

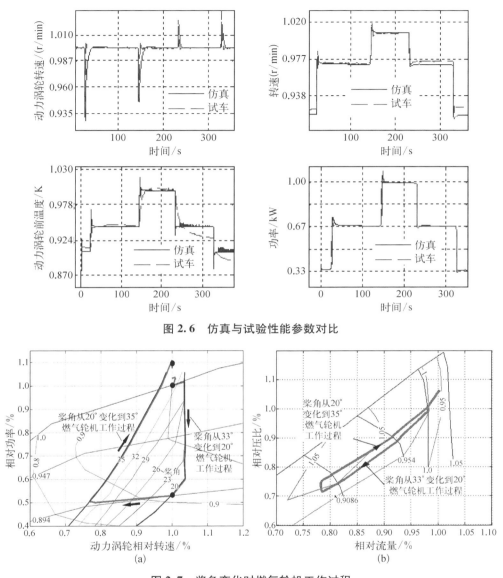

图 2.6 仿真与试验性能参数对比

图 2.7 桨角变化时燃气轮机工作过程

限制,燃气轮机沿着桨角为 35°的桨角-负载功率线提高状态。图 2.7(b)为性能曲线网转换到压气机特性线上后得到的变桨角燃气轮机的过渡态过程。可以看到,当桨角 33°→20°→35°变化时,燃气轮机相对转速按照 1.0→0.899→1.03 变化。

2.1.2 航改双轴燃气轮机设计

双轴燃气轮机是指燃气发生器具有两根相互独立的涡轮轴的燃气轮机,典型的双轴燃气轮机示意图如图 2.8 所示,一般由低压压气机、高压压气机、高压涡轮、低压涡轮和动力涡轮构成,也有的燃气轮机低压涡轮和动力涡轮在一根轴上。

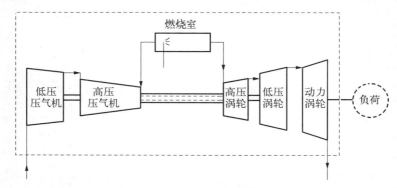

图 2.8　典型的双轴燃气轮机示意图

1. 总体性能设计

1) 双轴燃气发生器优点

高设计增压比的单轴压气机在非设计工况下工作严重恶化,是由于增压比的变化使气流通道面积的收敛程度不能适应,从而引起通道内气流轴向速度重新分布。双轴燃气发生器有两个转子,当转速相似参数发生变化时,低压转子和高压转子的转速可以自动地进行调整,使前后各级能够协调工作[38]。

双轴燃气发生器与单轴燃气发生器相比具有如下优点。

(1) 双轴燃气发生器与具有相同设计增压比的单轴燃气发生器相比,可以使压气机在更广阔的转速相似参数范围内稳定地工作,是防止压气机喘振的有效措施之一。

(2) 双轴燃气发生器在低转速相似参数下具有较高的压气机效率,因而可使燃气发生器在较低的涡轮前燃气温度下工作。由于涡轮前燃气温度较低而且压气机不易产生喘振,在加速时可以喷入更多的富余燃料,使双轴燃气发生器具有良好的加速性。

(3) 由于双轴燃气发生器在非设计工况下具有较高的压气机效率,因此非设计工况下的耗油率比单轴燃气发生器的耗油率低。

(4) 双轴燃气发生器在起动时,起动机只需带动一个转子,与同样参数的单轴燃气发生器相比,可以采用较小功率的起动机。

目前有的双轴燃气发生器同时采用可调导向叶片或压气机中间级放气结构,其压气机设计增压比可达到 30 以上。

2) 双轴燃气发生器各部件的相互匹配

双轴燃气发生器的高压转子可以看作 1 台单轴燃气发生器,高压转子中各个部件之间的相互匹配问题与一般单轴燃气发生器相同。一般来说,航改燃气轮机的高压部分就是核心机,一般都是成熟的,所以这里着重讨论低压转子与高压转子的相互匹配及低压压气机与低压涡轮的匹配问题。

高、低压压气机之间的压缩功分配不应相差太大,否则会失去本来使用双轴结构的优越性,而与单轴燃气发生器的特性相接近。高、低压压气机之间压缩功的分配还取决于高压涡轮和低压涡轮的级数及各级涡轮功的大小。例如,燃气发生器使用 2 级涡轮,高、低压压气机分别由 1 级涡轮带动,由于高压涡轮在较高的燃气温度下工作,高压涡轮功往往大于低压涡轮功,因此高压压气机的压缩功也就大于低压压气机的压缩功。又如,双轴燃气发生器使用 3 级涡轮,低压压气机可以由 1 级或 2 级涡轮带动。用 2 级涡轮带动低压压气机,低压压气机的压缩功可以大于高压压气机的压缩功。当然,最重要的一条还是要对航空发动机进行最大限度地继承。

双轴燃气发生器在标准大气条件下工作时,可以通过燃油流量和涡轮流通能力的控制使高压转子和低压转子的转速都达到设计值。此时高压转子和低压转子的相互匹配主要表现在 3 个方面。

(1) 把高压转子看成 1 台单轴燃气发生器,低压涡轮导向器起着这台单轴燃气发生器尾喷管的作用,它的大小直接影响高压涡轮的膨胀比,从而也就影响高压涡轮前燃气温度的数值。因此,必须做适当的选择,使之相互匹配。

(2) 通过低压压气机的空气流量和通过高压转子的空气流量要相互匹配,使得低压压气机在特性图上的工作点处于设计点位置,低压压气机的增压比达到设计值。对于新设计试制的双轴燃气发生器,在调试中若产生低压压气机与高压转子流量不相匹配的情况,可以在适当的范围内改变低压转子或高压转子转速。如果不相匹配的情况较为严重,无法用小范围内改变转速的方法加以修正,则需要修改低压压气机或高压转子的部件设计。

(3) 低压压气机消耗的功率与低压涡轮产生的功率应相当。当低压涡轮的输出功率与低压压气机的消耗功率相差太远时,必须修改低压涡轮的设计。

2. 主要性能参数选取

1) 燃气轮机涡轮前温度选取

涡轮前温度对燃气轮机性能和寿命有着重要的影响,其高低是决定燃气轮机性能水平的重要指标。从燃气轮机发展历史可以看出,随着涡轮前温度提高,燃气轮机热效率逐渐提高,20 世纪 50~90 年代,40 年间燃气轮机的热效率从不到 30% 提高到 40% 以上,涡轮前温度从 1 200 K 增加到 1 800 K,每 10 年约增加 140 K。一般来说,涡轮前温度每增加 40 K,燃气轮机输出功率可增加 10%,热效率可提高 1.5%。

涡轮前温度是决定燃气轮机涡轮叶片工作寿命的重要因素。图 2.9 为 MK202 发动机根据高温持久强度计算的叶片寿命与温度的关系。该发动机在 1 440 K 运行时,1 级涡轮工作叶片连续工作寿命为 350 h,而当燃烧室出口温度下降到 1 300 K 时叶片寿命提高到 8 000 h;温度继续下降,则叶片寿命还将延长。对于舰船燃气轮机,温度对燃气轮机寿命的影响很大,但更重要的是腐蚀因素。高温部件存在着严

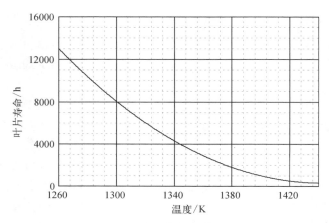

图 2.9　叶片寿命和温度的关系

重的硫酸钠腐蚀,液相、汽相氧化物明显地降低了燃气轮机寿命。由于燃料中含硫、碳及金属温度、热循环的综合影响,部件腐蚀加剧。如 MK202 发动机,转子叶片金属温度每升高 33℃,寿命下降约 30%。当然,材料不同,所处的温度段不同,温度对寿命的影响程度会有较大的差别,但变化趋势是一致的。

　　为了实现航改燃气轮机的长寿命,除适当吸收其他航空发动机和燃气轮机在材料、涂层、先进冷却技术等方面的成熟经验外,航改燃气轮机涡轮前温度必须在航空发动机涡轮前温度的基础上降低。表 2.2 为典型航改燃气轮机与原航空发动机涡轮前温度比较,可以看出,为了实现燃气轮机热端部件从几百小时上千小时寿命到几千小时上万小时寿命的转变,在航空发动机的基础上,这几型燃气轮机涡轮前温度降低了 120℃左右。

表 2.2　典型航改燃气轮机与母型机涡轮前温度比较

机　　型	型　　号	涡轮进口温度/℃	温差/℃
燃气轮机	FT9	1 192	−120
母型机	JT9D	1 312	
燃气轮机	LM2500	1 170	−167
母型机	CF6−6	1 337	
燃气轮机	LM5000	1 175	−126
母型机	CF6−50	1 301	
燃气轮机	LM1600	1 210	−127
母型机	F404	1 337	

　　某中挡功率燃气轮机涡轮前温度尖峰载荷较航空发动机降低 120℃,基本载荷较航空发动机降低了 170℃,由于涡轮前温度的下降,热端部件损伤明显下降。在原航空发动机设计点,高压涡轮叶片−3σ 寿命为 4 200 h,当温度降低 120℃时,

叶片 -3σ 寿命大于 10^6 h，满足了燃气轮机的使用要求。某小挡功率燃气轮机涡轮前温度在航空发动机基础上降低了约 200℃，对燃气轮机高压涡轮导向叶片进行了应力分析，利用材料的热强参数综合曲线（-3σ 基值）对高压涡轮导向叶片进行了持久寿命分析，同时计算中考虑了弹塑性及蠕变的影响。计算结果表明，燃气轮机导向叶片前缘的持久寿命最低，为 $1.2×10^5$ h。而该燃气轮机规定大修前的寿命为 5 000 h，总寿命为 15 000 h，远低于本书的计算寿命，其储备达到 8.0。因此该燃气轮机的高压涡轮导向叶片可以满足燃气轮机持久寿命工作的要求[39]。

当然，在燃气轮机性能满足要求的前提下，涡轮前温度尽可能降得多一些，以提高燃气轮机的寿命，并为未来燃气轮机的改进发展提供空间。

2）燃气轮机压比和空气流量的选取

燃气轮机的总增压比也是影响燃气轮机性能的重要参数，20 世纪 50～90 年代，随着燃气轮机涡轮前温度和效率的提高，燃气轮机压气机压比 π 从 5 增加到 25 以上。根据燃气轮机循环原理可知，随着涡轮前温度的提高，简单循环燃气轮机的最佳增压比迅速提高。从目前的设计技术水平看，燃气轮机涡轮前温度都超过了 1 300 K，所以，在涡轮前温度一定的情况下，压气机压比在较大的范围内，压比越高，燃气轮机的热效率越高。同时，燃气轮机压比高，可以允许更多的空气流过燃气轮机，燃气轮机的功率越大。

对于三轴航改燃气轮机，高压压气机（核心机）一般为继承部件，改燃气轮机后高压压气机共同工作线应基本保持不变。如果采用原航空发动机高压压气机工作点为航改燃气轮机的工作点，那么改燃气轮机后高压压气机设计点上的换算流量、换算转速、压比、效率分别与原航空发动机相应点等值。确定了高压压气机工作点后，可求出低压压气机与之适应的参数。低压压气机的流量 $G_{改}$ 为

$$G_{改} = \frac{P_{t0}\pi_L(1 + \eta_G)\sigma}{\sqrt{T_{t0}\left[1 + \left(\pi_L^{\frac{K-1}{K}} - 1\right)/\eta_L\right]}}G_{2cor} \qquad (2.44)$$

式中，P_{t0} 为低压压气机入口压力；T_{t0} 为低压压气机入口温度；σ 为高、低压压气机间压损；π_L 为低压压气机压比；η_L 为低压压气机效率；η_G 为冷却用抽气量比例；G_{2cor} 为高压压气机工作点换算流量。

从式（2.44）可以看出，当高压压气机工作点一定时，低压压气机空气流量取决于低压压气机压比和效率。低压压气机压比越高，效率越高，可以使更多的空气流过燃气轮机，燃气轮机功率和热效率就会提高。表 2.3 以一个燃气轮机模型为例，通过改变低压压气机压比，理论计算出了燃气轮机相关参数大致变化情况。

如表 2.3 所示，当高压压气机工作点和涡轮前温度选定后，低压压气机压比从 2 增加到 3.5，低压压气机空气流量可以从 60 kg/s 增大到 96.5 kg/s，燃气轮机功率可从 17 600 kW 增大到 26 700 kW，燃气轮机热效率提高明显。这样看来，一个核心机可

表 2.3　低压压气机压比变化相关参数变化情况

参　数	方案 1	方案 2	方案 3	方案 4
低压压气机流量/(kg/s)	60	72.5	84.5	96.5
高压换算流量/(kg/s)	33.8	33.8	33.8	33.8
低压压气机压比	2	2.5	3	3.5
高压压气机压比	8	8	8	8
涡轮前温度/K	1 600	1 600	1 600	1 600
燃气轮机功率/kW	17 600	21 000	24 000	26 700
热效率/%	34	35	35.7	36

以改成很多不同功率和热效率的燃气轮机,其实不是这样,航改燃气轮机的总压比也受到原航空发动机相关参数的限制。主要是高压压气机物理转速和总压比的限制。

以表 2.3 中的计算结果为例,当低压压气机压比为 2 时,低压压气机出口温度为 358 K,低压压气机压比为 3.5 时,低压压气机出口温度为 425 K,转速换算公式为

$$n_{cor} = n \times \sqrt{288.15/T_{t1}} \qquad (2.45)$$

式中, n_{cor} 为压气机换算转速; n 为压气机物理转速; T_{t1} 为压气机进口总温。

由式(2.45)可知,低压压气机压比从 2 增大到 3.5,高压物理转速增大到原来的 $\sqrt{425/358} = 1.09$ 倍,增大了 9%。为了保证燃气轮机的寿命,一般航改燃气轮机高压压气机的物理转速要较航空发动机的物理转速低,以降低转子应力,所以低压压气机压比不能选太高。同样,为保证燃气轮机寿命需要降低气动载荷,所以燃气轮机的总压比也不能选太高。表 2.4 列出了典型航改燃气轮机与原航空发动机总压比比较。一般来说,航空发动机改燃气轮机总压比要降低,具体降低多少根据航空发动机和燃气轮机的实际情况、用户需要并结合强度计算来确定。当然,和降

表 2.4　典型航改燃气轮机与母型机总压比比较

机　型	型　号	压　比	降低值/%
燃气轮机	LM6000	29	3
母型机	CF6-80C2	30	
燃气轮机	LM2500	20	17
母型机	CF6-6	24	
燃气轮机	LM5000	25	17
母型机	CF6-50	30	
燃气轮机	LM1600	22	15
母型机	F404	26	

低涡轮前温度不同,压气机的总压比可以根据实际燃气轮机需要来确定[40]。

另外,从高、低压压气机匹配角度考虑,燃气轮机高、低压压气机压比不能相差太大,也就是高、低压压气机之间的压缩功分配不应相差太大,否则会失去双轴结构的优越性,导致高、低压压气机匹配困难,在低工况燃气轮机可能需要放气,对燃气轮机在舰船上的使用造成影响。高压压气机的压比选取也要考虑高压压气机效率的影响,尽可能地选在其特性的高效率区,如果其压比降低过多,会进入低效率区,对整机性能产生不利影响。当然,如果采用的核心机高压压气机设计压比偏高,流量偏小,由于受燃气轮机总压比不能太高的限制,为了保证燃气轮机部分载荷性能,低压压气机必须有针对性地匹配设计,如采用级压比低、载荷轻的压气机等[41]。

3. 部件性能变化的影响

本节直观地在特性图上对比部件效率对工作点的影响。图 2.10 为部件性能衰减后各控制规律下高压压气机工作线。参考设计点,燃烧室总压恢复系数对高压压气机裕度的影响最大。低压转子性能衰减时,工作点位于设计点右上方;而高压转子性能衰减时,工作点位于设计点左下方[42]。

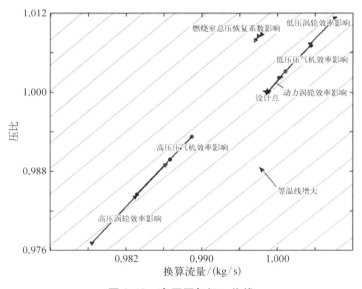

图 2.10　高压压气机工作线

图 2.11 为部件性能衰减后低压压气机工作线。参考设计点,燃烧室总压恢复系数对低压压气机裕度的影响不大。低压转子性能衰减时,低压压气机裕度增大;高压转子性能衰减时,低压压气机裕度减小,并且涡轮衰减比压气机影响大。

综上,得到如下结论。

(1)各个部件性能衰减后,高压裕度均降低;燃烧室总压恢复系数影响最大,

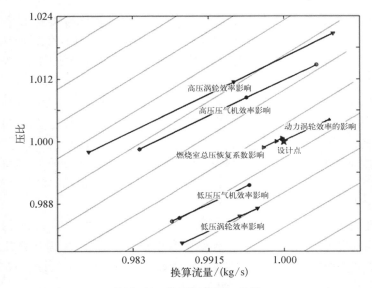

图 2.11　低压压气机工作线

高压转子性能衰减影响次之,低压转子性能衰减影响最小。

（2）低压转子衰减,低压裕度增大。高压转子衰减,低压裕度减小。动力涡轮衰减对高、低压裕度的影响不大。

（3）各个部件性能衰减后,热效率均降低,高压涡轮衰减对热效率影响最大。

4. 空气系统引气量影响

利用小偏差法计算空气系统参数变化（引气量变化）对燃气轮机性能小偏差影响如表 2.5 所示。

表 2.5　引气量变化对燃气轮机性能小偏差影响

空气系统	引气量变化 /(kg/s)	燃烧室出口温度变化量/K	功率相对变化量/kW	效率变化量/%
高压涡轮静子	1.5	22	36	0.07
高压涡轮转子	−0.5	−24	−470	−0.04
动力涡轮转静子	−0.5	−13	−27	0.19

通过小偏差法对比分析得到以下结论。

（1）动力涡轮空气系统对改善燃气轮机热效率方面的影响最为显著,而且对燃烧室出口温度影响效果也较明显。

（2）高压涡轮静子引气量的改变,除了对燃烧室出口温度影响比较明显,对燃气轮机功率、热效率影响很小。

（3）高压涡轮转子引气量的改变,对燃烧室出口温度和燃气轮机功率的影响比较明显。

5. 进排气损失影响

本节列举进、排气系统对燃气轮机性能的影响。当无排气总压损失时,进气总压损失对燃气轮机主要性能参数的影响如图 2.12 所示;当无进气总压损失时,排气总压损失对燃气轮机主要性能参数的影响如图 2.13 所示。

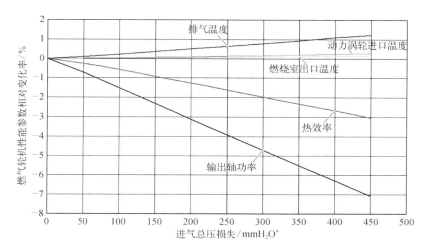

图 2.12　进气总压损失对燃气轮机主要性能参数的影响

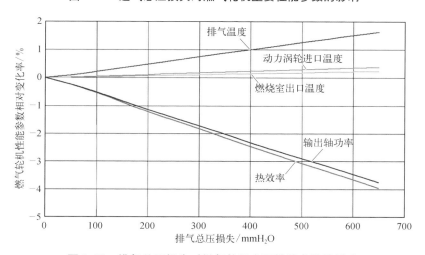

图 2.13　排气总压损失对燃气轮机主要性能参数的影响

在高压压气机物理转速保持不变及进、排气损失增大时,燃气轮机的输出轴功率、热效率降低,燃烧室出口温度、动力涡轮进口温度略升,排气温度升高。

---

*　1 mmH$_2$O = 9.8 Pa。

2.2 间冷循环航改燃气轮机总体性能设计及仿真

间冷燃气轮机在低压压气机和高压压气机之间增加了间冷系统,间冷系统通过换热降低高压压气机进口温度,进而提高压比。间冷燃气轮机气路工作过程如图 2.14 所示,空气在 2 处进入低压压气机后再进入间冷器,冷却后在 25 处进入高压压气机,排出空气在 3 处进入燃烧室,燃料被燃烧以提高温度,燃气在高、低压涡轮中膨胀,以生成足够的动力来驱动高、低压压气机[43]。然后,离开涡轮的燃气在动力涡轮中膨胀,并在 6 处离开动力涡轮。从动力涡轮输出动力驱动负载,如发电机、泵、压缩机或螺旋桨[44]。

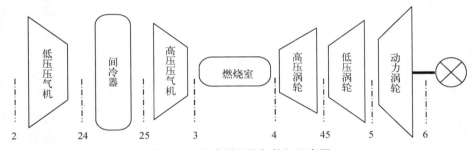

图 2.14 间冷循环燃气轮机示意图

2.2.1 稳态性能设计方法

总体性能稳态计算包括设计点和非设计点计算。设计点计算属于正问题计算过程,按气流流动方向逐个计算部件,确定各部件可以稳定工作及相互匹配的一个工作点;非设计点计算,也就是反问题过程,是在已有燃气轮机结构基础上计算变工况下燃气轮机性能。航改燃气轮机的总体参数匹配计算区别于上述两种计算方式,也可以说是两种计算方式的融合。利用已有核心机与重新设计部件进行总体参数的匹配计算。

在间冷燃气轮机设计过程中,新部件采用设计点计算方法,而继承部件则采用非设计点的计算方法[45]。这样新设计部件与已有核心机即可实现联算,进而可开展总体参数匹配分析工作。这里,高压压气机、燃烧室及高压涡轮采用成熟核心机部件,采用反问题方式计算,也就是在已有燃气轮机基础上做非设计点计算;而低压压气机、间冷器、低压涡轮和动力涡轮重新设计,采用正问题方式计算[46]。计算过程中,指定所需功率、进气温度、进气压力和动力涡轮转速,保证一定的进、排气压力损失和空气系统冷却。

1. 变量设置

初值变量选择高压换算转速和高压涡轮特性比例等分值(β 线)。

2. 残差

由于核心机采用反问题计算方式,所以残差为高压压气机与高压涡轮的功率差值和高压涡轮进口换算流量差值。

计算方法选择 NEWTON – RAPHSON 算法,详细的计算流程如图 2.15 所示。

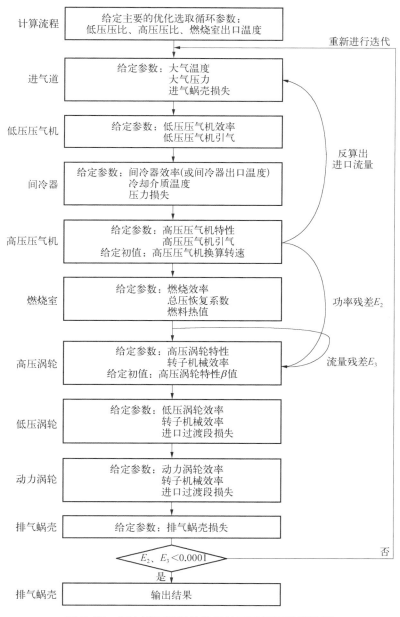

图 2.15　间冷循环燃气轮机设计正反问题计算流程

2.2.2　过渡态性能仿真及验证

本节对某间冷循环燃气轮机过渡态性能仿真技术加以阐述,内容包括过渡态仿真模型搭建及仿真验证等[47]。

1. 相关模块搭建

在中挡功率燃气轮机动态仿真模型基础上,压气机、燃烧室、涡轮和动力涡轮模块采用继承的方式,通过添加放气系统和间冷系统等模块,并对转动惯性、容腔和控制系统模块进行相应修改与升级,搭建大挡功率间冷燃气轮机动态仿真模型。

1) 间冷系统模块

如图2.16所示,间冷系统包括一次换热系统(机上换热器)和二次换热系统(机外换热器)。其中,W1为空气流量,W2为一次水流量,W3为机外水流量,TL为一次水进口温度,TLC为一次水出口温度,TL2为机外水进口温度,TLC2为机外水出口温度,T24为空气进口温度,T25为空气出口温度。气路出口温度和一次水换热系统进、出口温度是通过求解三元方程组得到的[48]。

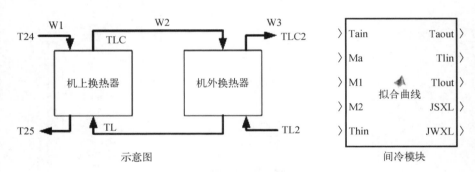

图2.16　间冷系统示意图与模块实现

2) 放气系统模块

考虑燃气轮机的可靠性与安全性,在两处放置放气阀,分别为低压压气机后放气阀和动力涡轮前放气阀。低压压气机后共20个放气阀,假定放气量是开阀个数与单个阀放气量的乘积。另外,开阀个数是低压转子换算转速、大气温度和一次冷却水的函数。低压放气对工作线的影响、搭建思路及模型如图2.17所示。

动力涡轮前放气是为了防止负载突减下动力涡轮转速超调量过大。这里,动力涡轮过渡段上设置5个放气阀。当动力涡轮转速大于阈值转速时,放气阀打开;小于阈值转速,放气阀关闭(图2.18)。

3) 控制系统模块

按照控制系统工作原理搭建控制系统模块,模块由两个闭环系统组成,最外层

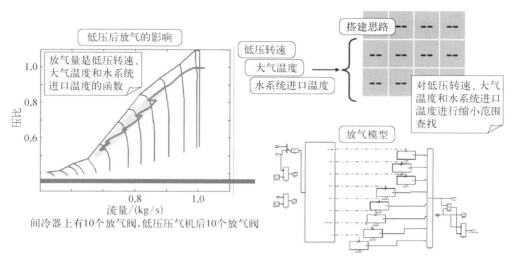

图 2.17 低压后放气系统原理图与模块

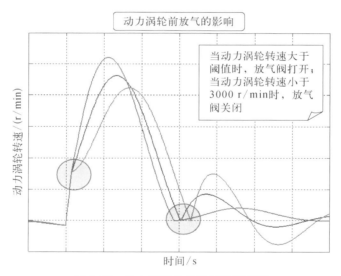

图 2.18 动力涡轮前放气系统原理图

为动力涡轮闭环,其次为高压换算转速闭环,动力涡轮转速闭环控制系统原理图如图 2.19 所示。这样,应用比例积分微分系数(PID 参数)进行控制系统调节,来进一步匹配实际的试车数据[49]。

2. 过渡态性能仿真与验证

负载突减后动力涡轮转速升高,低压裕度降低,高压裕度增大,高、低压转速随着工况的降低而减小。高压裕度增大和高、低压转速减小并不影响稳定运行,而动力涡轮超转和低压裕度降低则不利于燃气轮机的稳定性与安全性[50]。

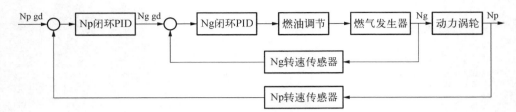

图 2.19　动力涡轮转速闭环控制系统原理图

1）负载突变仿真分析

这里模拟负载突减 4 MW、8 MW、12 MW、16 MW、20 MW、25 MW、30 MW 和 35 MW 过程动力涡轮转速和低压裕度的变化，其中动力涡轮前放气阀不放气，高工况低压压气机后放气阀不放气。

负载突减仿真参数变化如图 2.20 所示，负载突减量越大，动力涡轮转速超调量越大，并且单位突减量下动力涡轮转速超调量增大。

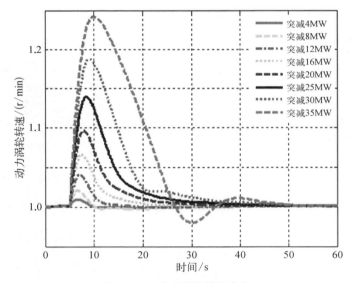

图 2.20　动力涡轮转速变化

另外，负载突减低压裕度出现向下的超调如图 2.21 所示，并且负载突减量越大超调量越大，还有加快的趋势。负载突减量大于 15 MW 时，低压裕度会出现负值，燃气轮机会出现不稳定的情况。

2）过渡态性能仿真验证

针对某间冷循环燃气轮机突增 6 MW 试车，仿真与试验对比如图 2.22～图 2.24 所示。对比试验可见，功率、动力涡轮转速和高压转速等参数仿真精度较高。

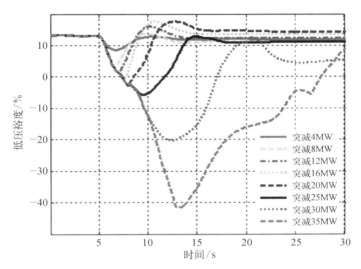

图 2.21　低压裕度变化

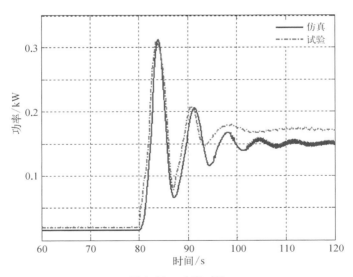

图 2.22　功率对比

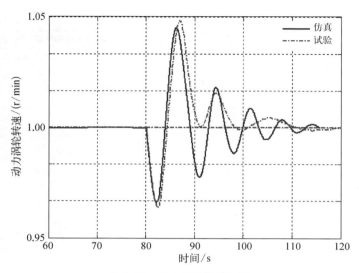

图 2.23　动力涡轮转速对比

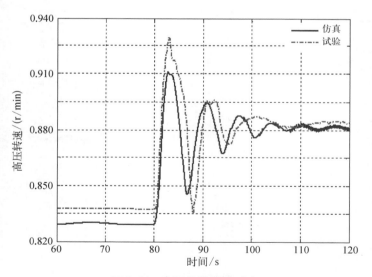

图 2.24　高压换算转速对比

　　针对某间冷循环燃气轮机优化试车,仿真与试验对比如图 2.25 ~ 图 2.27 所示,可见仿真具有较高的精度。

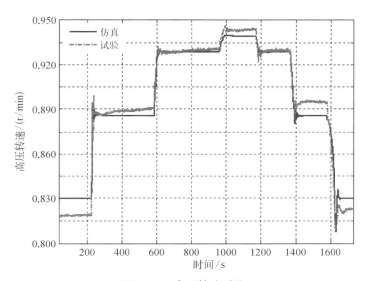

图 2.25　高压转速对比

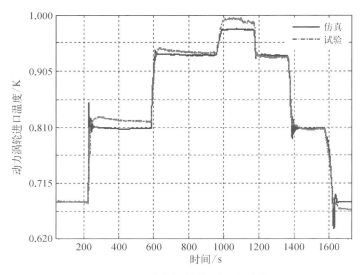

图 2.26　动力涡轮进口温度对比

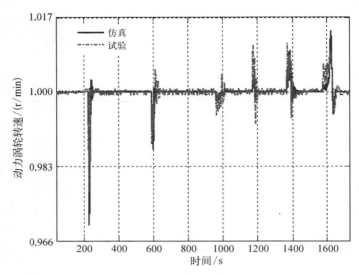

图 2.27　动力涡轮转速对比

3. 舰船电力推进电力负载模拟

综合电力推进系统作为舰船推进技术的一个重要分支,随着电力电子器件、交流电机、变频设备及其控制技术的快速发展,以及综合利用能源、提高航行机动、降低舰船噪声等诸多需求牵引下,其逐渐成为未来舰船动力系统发展的趋势[51]。

舰船电力推进系统的燃气轮机动力装置仿真技术起步较晚,逐步完成了理论研究向实用化的过渡,燃气轮机动力装置各部分模型均已建立且应用。为模拟舰船电力推进燃气轮机实际工作环境,匹配的负载系统包括同步发电机、励磁系统、断路器和三相并联负载电阻[52](图 2.28)。

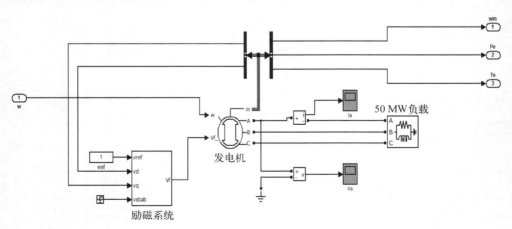

图 2.28　电力负载系统模型

第 3 章
航改燃气轮机总体结构设计

　　燃气轮机总体结构设计是燃气轮机研制中一个牵头纳总的重要环节。在国内外航改燃气轮机的研制过程中,人们充分地认识到以航空发动机为基础,适当地采用新技术、新材料、新工艺,开展先进、合理的结构设计,是实现燃气轮机高性能、高可靠性和长寿命的技术保障。燃气轮机总体结构设计中要从应用目的、使用环境及用户要求出发,结合国内外燃气轮机的研制经验,并综合处理气动、性能、传热、材料、工艺、强度、振动、装配、使用和维修等各方面的问题,以得到一型满足用户要求、高性能、高可靠性和长寿命的燃气轮机。

　　本章就燃气轮机总体结构设计基本要求、总体结构布局、转子支承方案、承力系统结构、安装系统结构、舰船燃气轮机抗冲击设计、环保要求与防护措施等做简要介绍。

3.1　航改燃气轮机总体结构设计基本要求

3.1.1　总体结构方案设计原则

　　航改燃气轮机总体结构设计方案既需要满足用户对燃气轮机的使用要求,又需要考虑航空发动机改型的实际情况,一般应遵循以下设计原则。

　　(1)充分地发挥航改燃气轮机的设计优势,最大限度地继承航空发动机设计,以便控制设计风险。

　　航改燃气轮机的设计优势之一就在于可以利用和借鉴航空发动机成熟的设计技术与经验。作为燃气轮机原型机的航空发动机通常都是十分成熟的发动机,已经过长时间的运行考核和验证,已证明其设计方案是成功的,因此为了充分地发挥航改燃气轮机的优势,降低研制风险,要最大限度地继承其技术方案。

　　(2)在航空发动机设计基础上,应针对燃气轮机的性能要求和使用特点进行必要改进与适用性修改。

　　与航空发动机相比,燃气轮机在使用寿命、使用环境、工作状态、维护要求等多方面存在差异,因此不能完全照搬照抄,需进行必要的改进和适用性修改。

3.1.2 总体结构方案设计要求

总体结构方案设计需要满足的设计要求可以分为以下4类。

（1）满足气动性能要求，包括性能指标、进排气损失、气流通道形式、压气机级数、燃烧室形式、涡轮级数、尺寸、重量、壁温、监控要求等。

（2）满足功能需求，包括功率输出方式、引射要求、清洗要求等。

（3）满足可靠性、维修性、保障性、安全性、测试性、环境适应性等"六性"要求，包括寿命、平均故障间隔时间、维护周期、保障要求、消防等要求。

（4）满足接口要求，包括进排气接口、安装接口、管路接口、功率输出接口、电气接口等。

3.1.3 主要设计内容

总体结构方案设计主要内容包括以下几方面。

（1）燃气轮机的整体布局设计。

（2）转子安装系统结构方案设计。

（3）空气系统、润滑系统、测量系统及运行监测系统等相关系统的设计。

（4）燃气轮机运输、吊装和安装系统方案设计。

3.1.4 航改燃气轮机需要解决的主要问题

与航空发动机相比，燃气轮机在使用条件、工作状态及使用要求等方面均发生了较大改变，必须进行一系列适应性改装，概括起来包括以下几点。

（1）长寿命。军用航空发动机的寿命一般为1 000 h或几千小时，而燃气轮机的寿命要求几千小时到几万小时，甚至与舰船同寿命。

（2）高可靠性、高维修性和高保障性。舰船燃气轮机通常安装在舰船甲板下很底层的位置，一旦发生现场无法检修的故障，将燃气轮机吊出是十分困难的事情，甚至有些舰船必须将甲板进行切割后才能完成，因此，舰船燃气轮机一般都要求有较高的可靠性，同时具备较强的现场维修和保障能力[53]。

（3）防腐要求。由于航空发动机在高空洁净的大气环境中工作，部件受环境污染而产生腐蚀的问题不突出，而舰船燃气轮机在海洋环境下工作，吸入的空气虽经进气过滤仍含有水分、盐分和污染物。因而，在舰船燃气轮机改装时，必须提高部件的抗腐蚀能力，如采用防腐性能更强的材料和增加涂（渗）层等措施。

（4）抗冲击要求。舰船在执行作战任务时可能会遭受敌方武器攻击而造成船体或舰船上设备损坏，这种损坏主要是由爆炸的冲击波造成的。这种爆炸冲击按冲击源的类别分为接触性爆炸（如受到导弹、炸弹的直接攻击）和水中非接触性爆炸（如鱼雷水下爆炸）两类。水中非接触性爆炸一般不会引起船体的破损,但其冲击作用遍及全船,影响范围大,有可能造成舰船上一些抗冲击能力较差的设备(如电子设备、动力设备等)出现无法修复的损坏,致使舰船丧失战斗力。

(5)低工况运行的经济性要求。航空发动机基本上是在额定工况下运行的,而舰船燃气轮机 90%~95% 的时间是在低工况下工作的,其低工况运行的经济性将直接影响舰船的航行距离,尤其是在巡航时仍采用燃气轮机的舰船。所以,如何改善低工况性能对舰船燃气轮机是一个十分重要的问题。

(6)改烧柴油时的燃烧问题。航空发动机通常采用精炼的航空煤油作为燃料,舰船燃气轮机则采用轻柴油或较重质的馏分油。直接使用原航空发动机的燃烧室一般会出现许多问题,如排气冒烟、积碳、起动点火困难、火焰筒壁温升高等。因此,通常需对燃烧室进行改进设计,甚至重新设计,此时应特别注意火焰筒长度增加造成的转子支点距离加长对转子的动力学特性的影响。

(7)起动方式。军用航空发动机要求发动机起动时间短、反应速度快,因此通常采用涡轮起动机进行起动。但由于涡轮起动机本身转子的转速和燃烧室出口的温度都很高,因此不能长时间持续工作。而舰船燃气轮机受使用环境和使用时间的影响,对燃气轮机的通流部分需进行不定期清洗,以减小腐蚀、恢复燃气轮机性能,这就要求燃气轮机的起动系统具备频繁、长时间带转的能力,因此,舰船燃气轮机一般都采用液压马达起动、电起动机起动等方式。

(8)控制系统改装。舰船燃气轮机控制系统增加了对螺旋桨转速和功率的联合控制,特别是对现代化舰船燃气轮机又提出了三级监控自动化要求(机旁操作、机舱操纵室操纵、舰桥中央操纵台遥控)。因此,控制系统必须进行适应性改装。

(9)清洗。盐雾聚集在压气机流通部件的表面,不仅会使流通面积减小,而且改变了转子叶片和静子叶片的几何形状,导致压气机效率下降,喘振裕度下降。同时,沉积的 NaCl 中的氯离子也会使叶片受到腐蚀,因此必须对燃气轮机,特别是压气机叶片进行清洗。

(10)舰船的其他要求。对机内着火的检测及灭火,进、排气噪声的控制,排气污染的控制,红外隐身等要求。

3.2　总体结构布局

航改燃气轮机的基本组成是燃气发生器加上动力涡轮。燃气发生器由航空发动机改进设计并在选定的地面工作状态运行,排出的高温燃气推动动力涡轮,产生扭矩带动发电机组发电,或者带动螺旋桨作为舰船的前进动力。因此,根据燃气发生器的轴系,可以是单轴,也可以是双轴,这取决于所选用的航空发动机,而对于整个地面燃气轮机的轴系,则需要加上动力涡轮的轴系。例如,MT30 燃气轮机,燃气发生器有高压、低压两个转子,加上一个自由动力涡轮转子,因此是双轴三转子燃气轮机;而 LM6000 燃气发生器的低压涡轮同时带动低压压气机和负载,无单独动力涡轮,因此是双轴双转子燃气轮机[54]。需要指出的是,这里单轴与双轴指的是燃气发生器有几个转子,而双转子、三转子指的是燃气轮机包括动力涡轮一共几个转子。

由于航空发动机是按照航空使用环境条件和有关的设计规范研制的,尤其是军用航空发动机考虑到特殊的使用环境,相比燃气轮机的长寿命需求有很大的差距。因此必须根据所要应用的外部环境和使用条件进行改型设计,以满足燃气轮机高可靠性和长寿命的要求。

航空发动机的使用环境为高空,清洁的空气对发动机的流通部分污染和腐蚀问题并不突出。但是在陆地甚至是海上工作的燃气轮机,吸入的空气含有灰尘等杂质,在海上工作时还含有大量的盐分。因此在航空发动机进行改装时,必须加强零件的抗污染和抗腐蚀能力。一些零件必须更换为适应海洋环境的材料,并对零件表面进行处理,更换镀层或增加涂层。

3.2.1 简单循环燃气轮机总体结构布局

在航改燃气轮机设计时,对于单转子航空发动机去掉尾喷管可直接改为燃气发生器;对于双转子航空发动机可将其核心机改为燃气发生器,将其低压压气机或风扇转子去掉,低压涡轮改为动力涡轮对外传递动力,重新匹配进气装置,增加进口可调导叶,转子的连接结构、转子的支承结构及各大部件承受载荷的方式和传递载荷的路线基本不变。

1. 单轴燃气轮机总体结构布局

航空发动机改型为单轴燃气发生器的途径一般可归纳为以下几种。

1)单转子航空发动机

对涡喷发动机,一般采用去掉排气喷管,加上一适宜的动力涡轮的方式;对涡轮螺旋桨/涡轮轴发动机,一般燃气发生器结构基本不变,继承原动力涡轮,通过减速器或联轴节直接与负载相连,提供动力。

2)双转子航空发动机

一般可采用去掉低压压气机和排气喷管,将低压涡轮作为动力涡轮或重新设计动力涡轮的方式输出功率,航改燃气轮机与航空发动机的对比如图 3.1所示。

2. 双轴燃气轮机总体结构布局

在航改双轴燃气轮机设计时,一般双转子航空发动机的核心机不做大的改动,采用重新设计或将风扇转子切顶的方式得到低压压气机,采用继承或重新设计的

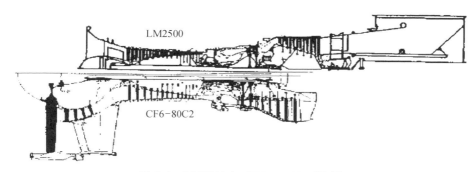

图 3.1　LM2500 与 CF6‑80C2 对比图

方式得到低压涡轮,匹配成燃气发生器;新设计进气装置、动力涡轮、排气装置、安装系统、控制系统等部件、系统,组成新的简单循环燃气轮机[55]。

如图 3.2 所示,MT30 燃气轮机从航空发动机 Trent 800 派生而来,去掉了前端的风扇及传动风扇的轴系,在低压涡轮上增加后驱动功率输出轴,形成自由动力涡轮。为了满足海洋环境(空气含盐和柴油中含硫)运行及维护要求,MT30 提高了抗冲击性能,并增添了必要的舰船化涂层,其与母型机 Trent 800 的通用性达80%[56]。

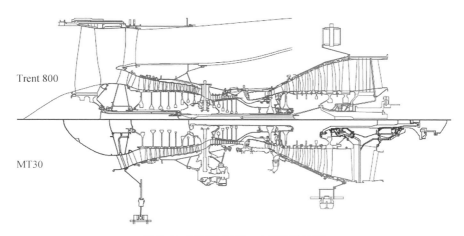

图 3.2　MT30 与 Trent 800 对比图

3. 燃气发生器与动力涡轮的连接

通常燃气轮机从前到后分为进气装置、燃气发生器、动力涡轮、排气装置 4 个基本部分,4 个基本部分布置在同一个安装平台上。进气装置、排气装置通常单独支承,分别与燃气发生器、动力涡轮采用软连接的方式连接,避免相互干扰。燃气发生器与动力涡轮有 2 种连接方式:刚性连接和挠性连接。

(1)刚性连接方式。燃气发生器与动力涡轮通过安装边用螺栓直接连接在一起。当动力涡轮为轻型结构时采用此种连接,可使结构简单,但要求各承力机匣必须有足够的刚性,此时机组只有一个死点,一般在功率输出端。

（2）挠性连接方式。在燃气发生器与动力涡轮之间采用波纹形膨胀节等挠性结构将两者联成一体,此时燃气发生器和动力涡轮分别有两个相互独立的主安装界面。

国内外各种燃气轮机燃气发生器与动力涡轮的连接方式如表 3.1 所示。

表 3.1　国内外各种燃气轮机燃气发生器与动力涡轮的连接方式

连接方式	燃气轮机型号
刚性连接	LM100、LM300、LM500、LM1500、LM2500、LM5000、FT4、FT8、FT9、FT12、QD70、QD128、WJ6G2A、401 等
挠性连接	TM1A、TM2A、TM3B、SM1A、RB211 改、G2、Olympus、Tyne、CT－2 等

3.2.2　复杂循环燃气轮机总体结构布局

在简单循环燃气轮机基础上增加相应的系统可以形成复杂循环燃气轮机,在双轴燃气轮机的高、低压压气机之间增加间冷器将低压压气机出口空气冷却后进入高压压气机,从而提高了高压压气机的压比和效率,形成间冷循环燃气轮机(如 LMS100);在双轴燃气轮机的高、低压压气机之间增加间冷器的同时,还可以在排气装置增加回热器,利用动力涡轮出口燃气的温度加热高压压气机出口空气,进入燃烧室后,可以节省燃料而达到燃气轮机所需的涡轮进口温度,而降低了燃气轮机的耗油率,形成间冷回热循环燃气轮机[57-61](图 3.3 和图 3.4)。

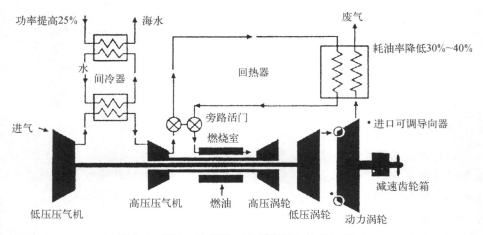

图 3.3　WR－21 间冷回热循环燃气轮机原理图

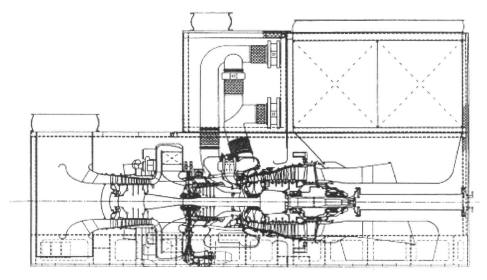

图 3.4　WR‑21 结构图

3.3　转子支承方案

在燃气轮机中,压气机转子与涡轮转子及连接它们的零件、组件构成了燃气轮机的转子。转子采用几个支承结构(简称支点),安排在何处,称为转子的支承方案。转子支承方案的选择,支点数目的多少及其布局是转子动力学特性的关键影响因素,也是影响燃气轮机效率、使用寿命和性能保持的关键因素,因此在燃气轮机总体结构设计时必须精心考虑。

为表示支点数目和支点与压气机、涡轮的位置关系,通常以两条横线分别代表压气机转子和涡轮转子,用横线的前、中、后的数字表示相应位置的支点数目。例如,1‑2‑0 支承方案表示压气机前有一个支点,压气机后至涡轮前有两个支点,涡轮后没有支点;数字总和为 3,表示转子共有 3 个支点。

3.3.1　转子支承方案基本原则

转子支承方案应保证转子在工作范围内有合理的临界转速分布,满足转子动力学设计要求,其动力学特性是由转子的刚度、质量分布特征、支承位置及其刚度共同作用所决定的。转子支承方案设计的基本原则如下所示。

(1)轴段的抗弯刚度应尽量地接近等刚度设计,使轴的振动变形易于控制,轴系的动力特性最优,共振点少,无局部振动。

(2)将止推轴承设置在主承力框架上,以缩短承力路线。

（3）尽量地简化支点数,在保证转子系统满足动力学设计要求的基础上,尽量地采用最少的支点数。

（4）支承方案的选取应有利于转子载荷的分布和传递。

（5）支承方案的选取应有利于减小转子变形,控制叶尖间隙和密封间隙。

（6）支承方案的选取应有利于转子间振动的隔离。

（7）轴承位置的确定应满足装配、检查和维护的要求。

（8）中介轴承的设置应特别注意轴承的装配、润滑和冷却。

高压转子系统的轴系通常采用刚性转子设计,具有较高的抗弯曲强度,而且刚度和质量沿轴向的分布应协调,以保证轴系在工作转速范围内无弯曲临界转速。低压转子由于轴系支承间距跨度较大,轴系的弯曲刚度较低,在进气和低压涡轮部位应具有较高的局部刚性,尽量地减小进气和低压涡轮处的径向与角向变形。

在燃气轮机的转子系统中,轴一般是由多段轴组合而成的,多段轴通过连接结构(或联轴器)连接。连接结构(或联轴器)不仅需要满足传递扭矩和传递轴向载荷的需要,还要具有足够的连接刚性和稳定性。在离心载荷、温度载荷和气动载荷作用下,连接结构的接触面间会产生一定的接触损伤,这种损伤会产生附加不平衡量,附加不平衡量会破坏转子系统的平衡,导致转子振动加大。因此,在结构设计中,需要考虑通过支点的设置和连接结构参数的优化,使连接结构的连接状态稳定,不会产生过大的接触应力和接触损伤。在连接结构设计中,对止口的配合紧度、热响应速率的分析和优化可以有效地避免过大的接触载荷与变形。

3.3.2　燃气发生器单转子支承方案

燃气发生器单转子支承方案可分为双支点支承方案、三支点支承方案。

1. 双支点支承方案

由于现今航空发动机核心机普遍采用了双支点支承方案,因此,通过航空发动机改型的单转子燃气轮机广泛地采用了双支点支承方案,一般为 1-1-0 或 1-0-1 支承方案。

在第 1 代、第 2 代航空发动机中,由于压气机级数较多、转子轴向距离较长,1-1-0 支承方案得到了广泛应用。1-1-0 支承方案有助于缩短支点跨距,提高转子的抗变形能力。但 1-1-0 支承方案由于在涡轮前设置了一个支点,支点处于高温、高压环境中,工作条件恶劣,容易受到燃气的侵蚀,需设计复杂的冷却系统保障后支点的正常工作。图 3.5 为 1-1-0 支承方案示意图。

1-0-1 支承方案适用于压气机转子与涡轮转子做刚性连接的结构。当压气机级数较少,且与涡轮转子的间距较小时,可将压气机转子同涡轮转子做成刚

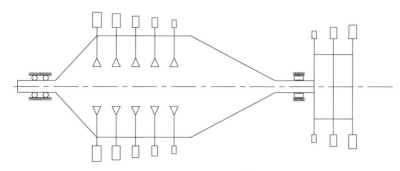

图 3.5　1－1－0 支承方案示意图

性连接的结构,采用 1－0－1 支承方案。其好处是可以简化结构,特别是支承轴承处于涡轮后的低温区可使滑油系统变得更加简单。1－0－1 支承方案支点跨距较长,适合压气机级数较少,转子刚性较强的转子。图 3.6 为 1－0－1 支承方案示意图。

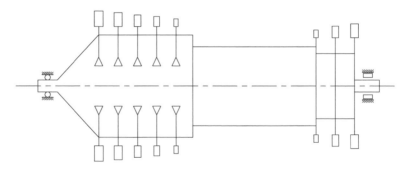

图 3.6　1－0－1 支承方案示意图

2. 三支点支承方案

由于三支点支承方案中三个支点间的同轴度保持较困难,压气机转子和涡轮转子之间不能再使用刚性连接,而是用带球头的套齿联轴器连接。使两转子在轴向紧密结合在一起,而且,当两转子轴线上有少许偏斜时仍能正常工作。在三支点支承方案中,1－2－0 方案应用最多,1－1－1 方案也有少量采用。三支点支承方案的承力系统支点数目多,结构复杂,支点间同轴度保持困难,转子振动特性不好。这种方案在燃气轮机早期曾有应用,现今已不使用。

3.3.3　燃气发生器双转子支承方案

由于双转子支承方案的转子数目多、支承数目也多,因此,结构较复杂。通常为分析方便,可把它分解成两个单独的单转子,并利用单转子支承分析方法对双转子中的每个转子的支承进行结构分析。

1. 高压转子支承方案

国外双转子燃气涡轮发动机的高压转子大多采用双支点支承方案,当后支点位置不同时,其具有不同的结构特点。

1-0-1 支承方案的支点分别位于高压压气机前和高压涡轮后,其优点为适用于轴向长度较大的、级数较多的压气机、涡轮转子;可以通过加大压气机、涡轮连接轴的直径来提高转子的刚度;按前后两个承力框架进行设计,可简化发动机的装配和维修。

1-1-0 支承方案的支点分别位于高压压气机前和高压涡轮前,其优点为适用于轴向长度较大的、级数较多的压气机转子;支点间跨度较小,有利于提高转子的抗变形能力;可以采用加大压气机和涡轮连接轴直径的方法提高轴的刚度。不足之处为涡轮转子处于悬臂状态,径向间隙变化较大;后支承润滑系统被燃烧室包围,处于高温、高压环境中,工作环境恶劣,冷却、密封等设计困难。

早期高压转子级数较多、轴向长度较大时,也可采用 1-2-0 三支点支承方案。此时高压转子后端支点支承于燃烧室承力机匣上,形成热区轴承腔,需解决轴承工作环境温度和压力高的问题,由于涡轮部件悬臂,该方案常用于涡轮级数不多的结构中。现代燃气轮机和航空发动机高压转子一般为刚性转子,很少采用三支点支承方案。

2. 低压转子支承方案

双转子发动机的低压转子大多数采用三支点支承方案,此种支承方案的主要优点是结构简单,低压轴刚性好,发动机性能保持好,重量轻。

上述三支点支承方案的优缺点如下所示。

1) 低压转子 1-1-1 支承方案

图 3.7 为 1-1-1 支承方案示意图,为现代双转子燃气涡轮发动机的低压转子支承系统的常用结构,一般将止推轴承置于压气机之后,这样滚珠轴承的环境温度不高,有利于延长轴承寿命,工作状态下压气机和涡轮的轴向位移都不大,对提高效率有益。

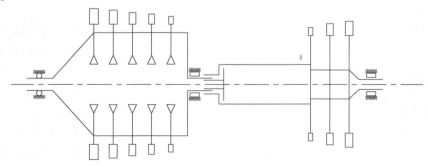

图 3.7　1-1-1 支承方案示意图

2）低压转子 1 - 2 - 0 支承方案

图 3.8 为 1 - 2 - 0 支承方案示意图,常用于涡轮级数不多的结构中,后支点设置在低压涡轮前,使涡轮部件悬臂。此构型相比较 1 - 1 - 1 支承方案,取消了涡轮后机匣,有利于整机重量控制。

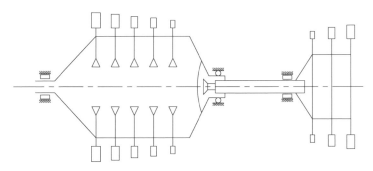

图 3.8　1 - 2 - 0 支承方案示意图

3.3.4　动力涡轮转子支承方案

由于动力涡轮都为单转子结构,与燃气发生器转子相比,动力涡轮转子的支承结构比较简单。

当动力涡轮的级数少、转子质量较轻时,可采用悬臂式结构支承,如图 3.9 所示。单级和双级动力涡轮常采用这种方案,由滚珠轴承承受轴向力,并与滚棒轴承一同承受径向力。

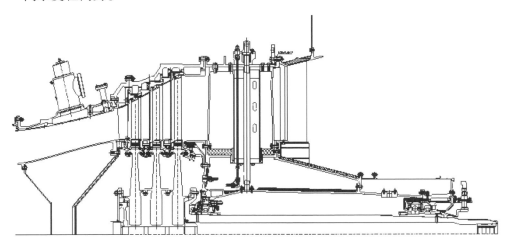

图 3.9　悬臂式结构支承

当动力涡轮的级数很多时,转子的质量变得很大,如果再采用悬臂式支承结构,由于杠杆原理,轴承承受的径向载荷将超过轴承的承载能力。此时最好采用简支的支承方案,即在动力涡轮转子前、后各设一个支点。例如,LM2500 的动力涡轮为 6 级,该转子采用了两端简支的方案,如图 3.10 所示。

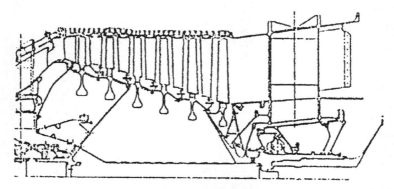

图 3.10　两端简支动力涡轮支承方案图

前轴承为滚棒轴承,后轴承为滚珠轴承,承受径向力和轴向力,将滚珠轴承设置在低温处,以改善其工作环境。

在一些长寿命动力涡轮中,使用滑动轴承来支承转子。因为径向支持滑动轴承仅能承受径向力,所以,需在转子上设置专用的止推滑动轴承,以承受转子上的轴向力,Olympus TM3B、Spey SMIA 等采用了类似结构。

3.4　承力系统结构

燃气轮机静子上的各种载荷要通过静子机匣和一些专门设置的传力构件传递到燃气轮机安装节或机座上。转子上的各种载荷也由安装系统并通过一些专门的承力构件传到静子机匣上,最后传至燃气轮机安装节或机座上。承受和传递转子、静子上的各种载荷的这些机匣,以及专门传力构件构成了燃气轮机静子承力系统。

静子承力系统为转子和静子上的机械与气动载荷提供了合理的传递路径,确保内力平衡,并将外力通过安装节传到燃气轮机安装系统上。在静子结构设计中,除了对承力系统静刚度和变形进行分析,还应考虑由于转子振动激励下支承/机匣结构动力响应分析,即动刚度分析。在承力框架的设计中除了要保证支承刚度的要求,还要避免与转子或气流等发生振动耦合,并具有良好的振动衰减能力。

3.4.1　承力系统设计原则

(1) 支承结构和承力构件必须具有足够的刚度与强度。

(2) 高温条件下有良好的变形协调能力,以保证转子和静子间的工作间隙。

（3）较好的振动特性，并具有长时间可靠工作的能力。

（4）能正常稳定长寿命工作。

3.4.2　传力系统

燃气轮机工作时，承受和传递载荷的承力框架与承力壳体组成了燃气轮机的传力系统。

传力系统的类型取决于发动机的型别，压气机、燃烧室和涡轮等的结构形式及它们之间的相互位置，取决于转子的支承方案及其重量与载荷等。

对组成传力系统的主要传力机匣有如下要求。

（1）在满足传递的载荷条件下，力求结构简单、重量轻、刚性大。

（2）应使发动机结构件易装配、分解和维护。

（3）机匣结构在受热不均匀或零件材料膨胀系数不同情况下，具有良好的变形协调能力。

（4）对舰船燃气轮机，应在冲击载荷下不发生严重变形，保证燃气轮机正常工作。

按照传递载荷的方式不同，可分为内传力方案、外传力方案、内外混合传力方案，其中，外传力方案应用最广。

1. 内传力方案

内传力方案只适用于离心式压气机的燃气轮机或具有分管式燃烧室的轴流燃气轮机上，在目前的轴流式压气机的燃气轮机中很少采用，如图 3.11 所示。

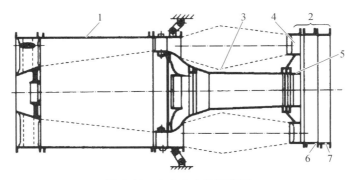

图 3.11　内传力方案示意图

1-压气机机匣；2-涡轮机匣；3-压气机与涡轮机匣的内部连接机匣；
4-铸造承力机匣；5-后轴承机匣；6-涡轮静子机匣；7-涡轮转子机匣

2. 外传力方案

外传力方案中，压气机机匣、燃烧室机匣、涡轮机匣与动力涡轮机匣等各部件的外机匣构成传力路线，各支点的载荷通过燃气轮机各部件的外机匣传递。由于各部件的外机匣直径最大,刚度、强度最好,在要求长寿命、高可靠性的燃气轮机中得到了广泛应用。图 3.12 为外传力方案示意图。

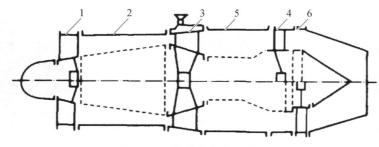

图 3.12　外传力方案示意图

1-压气机前轴承;2-压气机机匣;3-中轴承机匣;
4-后轴承机匣;5-燃烧室机匣;6-涡轮机匣

3. 内外混合传力方案

内外混合传力方案中,压气机机匣与涡轮机匣通过燃烧室内外机匣相连接,而且燃烧室内外机匣在前后端也连接起来,形成一个封闭的传力系统。内外混合传力方案充分地利用了静子结构组成承力系统,因此重量较轻,在航空发动机中获得了较多应用,但由于封闭结构易引起热膨胀不协调问题,燃气轮机设计中应谨慎应用。图 3.13 为内外混合传力方案示意图。

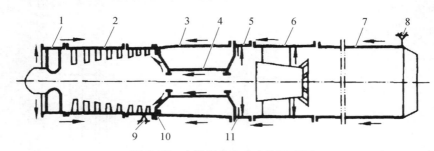

图 3.13　内外混合传力方案示意图

1-前机匣;2-压气机机匣;3-燃烧室机匣;4-燃烧室内机匣;5-涡轮机匣;6-扩压器机匣;
7-尾喷管;8-辅助安装节;9-主安装节;10-压气机末级整流叶片;11-承力拉杆

3.4.3　承力框架

将转子支点的载荷通过气流通道传至外机匣的构件称为承力框架。承力框架的结构形式多种多样,主要分为铸造承力机匣、焊接承力框架、机械连接承力框架。

(1)铸造承力机匣。将安装轴承座的内机匣、连接内外机匣的支板和外机匣铸造为一个整体的承力机匣结构,称为铸造承力机匣。

(2)焊接承力框架。将内机匣、支板和外机匣通过焊接的方法连接为一个整体的承力机匣结构,称为焊接承力机匣。

（3）机械连接承力框架。将内机匣、支板和外机匣通过螺栓连接为一个整体的承力机匣结构,称为机械连接承力机匣。

3.5　燃气轮机轴承的典型支承结构

图 3.14 为某燃气轮机轴承座典型结构。轴承外环固定在轴承座内,外环与轴承座间采用过盈配合。轴承的内环套装在轴颈处,内环内表面与轴颈间采用过盈配合,用压紧螺帽将内环固定在前轴的轴颈上,并用锁片锁紧。为了防止滑油吸入压气机通流部分,设置可靠的石墨密封、篦齿密封、刷式密封等滑油密封装置。

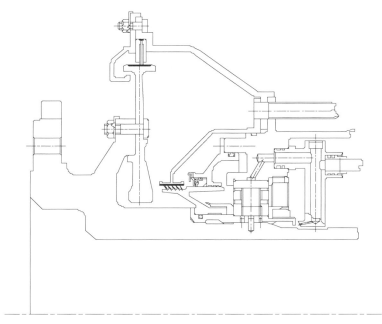

图 3.14　某燃气轮机轴承座典型结构

3.5.1　涡轮前轴承支承结构

如图 3.15 所示,LM2500 等第二代航空发动机衍生的燃气轮机高压转子广泛地采用了在高压涡轮转子前布置承力机匣的结构。高压涡轮转子前设置承力机匣可有效地缩短高压转子支点跨距,优化高压转子的动力学特性。但涡轮前支点轴承支承结构的主要难点在于:轴承腔处于燃烧室内机匣内部,温度和压力等工作环境苛刻,承力机匣热变形不协调问题处理复杂;承力机匣支板冷却气量大;在燃烧室内腔设置滑油腔和空气系统、通风设计难度大。在结构设计上必须采取隔热措施,防止高温零件向轴承大量传热以避免轴承工作条件恶化。

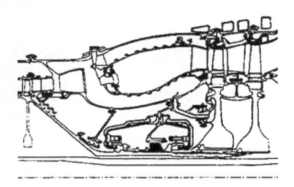

图 3.15　涡轮前支承结构

3.5.2　具有弹性支座的滚动轴承支承结构

弹性支座或弹性支承近年来得到较普遍的应用,用于控制转子临界转速,增大转子的振动阻尼。采用弹性支座后,转子支承刚度的改变会改变转子的临界转速,使转子共振频率远离转子工作转速范围。滚动轴承油膜很薄,对转子振动的阻尼很小,配置上弹性支座后,可降低对应支点的转子应变能,吸收转子振动能量,使转子运行的平稳性得到改善。图 3.16 为某燃气轮机低压涡轮轴弹性支座支承结构。

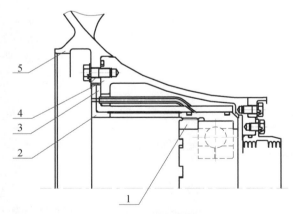

图 3.16　某燃气轮机低压涡轮轴弹性支座支承结构

1-锁紧螺母;2-弹支内环;3-弹支外环;4-进气机匣下内环;5-进气机匣

进气机匣为主要的传力承力件,它是将一个支点轴承的力传递给支架的重要件,如图 3.16 所示。通过锁紧螺母和弹支内环、弹支外环将轴承的力传递给进气机匣下内环,然后由进气机匣下内环传递到进气机匣上,最终通过进气机匣的安装边传递给燃气轮机支承。

3.5.3　具有油膜减振的滚动轴承支承结构

由于燃气轮机转子处于高应力水平状态,转子通过临界转速时,希望振动的能量在支点上吸收掉,避免转子上振动能量过大造成损坏。但有时,对于整机而言,转子通过临界转速时,某支点的振动能量还是太大了,此时需要考虑另加阻尼器,油膜阻尼器可以有效地吸收转子的振动能量,使外传振动大大减少,其应用较为广泛[62]。

图 3.17 为某燃气轮机油膜减振的滚动轴承支承结构,转子传递给滚棒轴承的载荷通过挤压式油膜阻尼器传递到轴承支座组件,进而传递到轴承机匣,进油管向轴承供油的同时向挤压式油膜阻尼器供油,在挤压式油膜阻尼器的三层结构中,中间的弹性环与内衬套、外衬套间分别形成 0.12~0.15 mm 的油膜,起到吸收转子振动能量的作用。

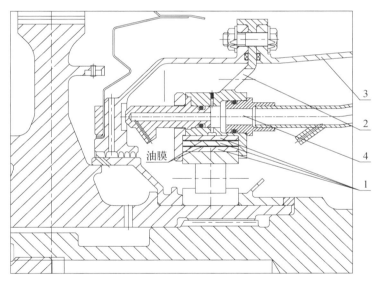

图 3.17　某燃气轮机油膜减振的滚动轴承支承结构

1-挤压式油膜阻尼器;2-轴承支座组件;3-轴承机匣;4-进油管

3.5.4　双排滚珠轴承支承结构

经过卸荷后,若转子上的轴向力仍然很大,止推支点采用一个滚珠轴承承受不了时,可采用双排滚珠轴承共同承受轴向载荷。图 3.18 为 MT30 动力涡轮结构即双排滚珠轴承结构[63]。在这里如何保持两轴承同时受力,且均匀承受载荷,是最重要的问题。

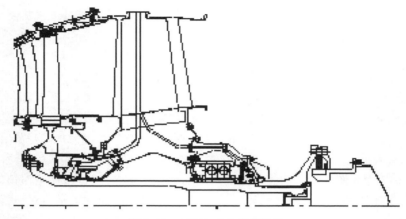

图 3.18　MT30 动力涡轮结构

3.5.5　滚珠、滚棒并列的支承结构

为了保持转子叶尖与机匣间隙均匀,提高效率,以及分担滚珠轴承的载荷,延长轴承的寿命和使用可靠性,可采用滚珠轴承和滚棒并列的结构(图 3.19)。因为单独采用滚珠轴承时,滚珠轴承除承受轴向力外,同时还要承受径向力,工作条件要比径向轴承恶劣,寿命较短,故障较多。因此,可在滚珠轴承侧加装一个滚棒轴承分担原轴承的径向载荷,即让滚珠轴承承受轴向力,滚棒轴承承受径向力,降低滚珠轴承的载荷。在采用这种滚珠、滚棒并列结构时,在设计中一定要保证滚珠轴承仅承受轴向力或承受轴向力和定额的径向力,要保证滚珠轴承的载荷处于设计范围内,为此,可以把滚珠轴承支承于弹性支座中,滚棒轴承支承于刚性支座内,保

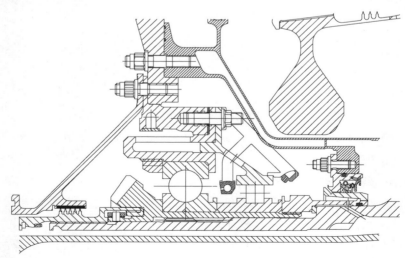

图 3.19　滚珠、滚棒并列的支承结构

证滚珠轴承承受轴向力和弹性支座产生的定额径向力;也可以设计时在滚珠轴承外环与轴承座间留有间隙,不让轴承与轴承座相接触,保证滚珠轴承仅承受轴向力。

3.5.6　中介轴承支承结构

对于双转子燃气发生器,高压涡轮后支点有时会在高、低压转子之间采用中介轴承。这种轴承的内、外环分别随同高、低压转子旋转。由于中介轴承的内、外环均处于旋转状态,因此,滑油流路不能直接与滑油喷嘴相连,如何将滑油供入轴承内是中介轴承需要解决的特殊问题。

3.5.7　止推轴承位置

一般燃气轮机转子上的止推支点除承受转子上的轴向、径向载荷外,还决定着转子相对于机匣的轴向位移量,因此,每个转子只能有一个止推支点,由于该支点载荷较大,一般都置于温度较低的地方。

对单转子燃气发生器来说,止推支点一般安排在低压压气机前,这样支点环境温度较低,有利于止推轴承工作。

对双转子燃气发生器来说,高压止推支点一般安排在高压压气机前,这样支点环境温度较低。低压止推支点一般安排在低压压气机后,这样工作状态的压气机及涡轮转子轴向位移均较小,有利于提高低压压气机效率[64]。

对动力涡轮来说,止推支点一般安排在输出端,这样止推支点与静子轴向相对位移较小。

3.5.8　燃气轮机所用的滚动轴承

转子上的径向和轴向载荷是通过轴承及其支承构件传递到燃气轮机机匣上的。在航改燃气轮机燃气发生器中,一般直接沿用航空发动机的支承布局和轴承的型号,而在动力涡轮中滚动轴承和滑动轴承均有应用。

滚动轴承与滑动轴承相比,滚动轴承的摩擦系数很小,在高转速下工作具有可靠的工作特性,轴向尺寸短,尤其是冷却、润滑所需要的滑油量较少。但是在动力涡轮中,使用滑动轴承的主要原因是滑动轴承的承载能力强,工作寿命长,减振和抗冲击性能好。

燃气轮机中使用的滚动轴承是从航空发动机中沿用而来的,属于高精度、高速轻载系列的单排滚珠和滚棒轴承,采用使滚珠及滚棒沿圆周均匀分布的保持架,消除滚动体之间的摩擦。

按轴承的功能可分为径向轴承和止推轴承两类。在滚动轴承中,滚棒和滚针轴承仅能承受径向力,故称为径向轴承;而滚珠轴承则能同时承受径向力和轴向力,故称为止推轴承。在滑动轴承中,径向轴承只能承受径向力,推力轴承只能承受轴向力。

燃气轮机使用的滚动轴承由轴承内环、外环、滚动体(滚珠或滚棒)和保持架组成。因为是高速轴承,其保持架都经机械加工制成整体结构。通常保持架以其外圆表面定心在轴承外环内表面上。其好处在于:由于保持架与轴承内环之间有较大间隙,轴承的润滑较好,保持架定心表面的润滑也较好;定心表面的单位压力较小;定心表面的相对速度较小;较冷的外环能较好地传出保持架的热量。

3.5.9 空气系统安排

在总体结构方案设计阶段,除进行总体结构方案考虑外,还要会同总体性能、各部件及系统进行空气系统的安排与协调。空气系统作为燃气轮机中的一个重要系统,其设计的合理性至关重要。燃气轮机空气系统是燃气轮机内部工作环境的设计,它的任务实质上是保证各种状态下,实现燃气轮机内部冷却、均压、封油等功能,其设计合理与工作正常情况对燃气轮机主要零部件的工作寿命、可靠性和整机性能起着非常重要的作用。

1. 空气系统功能

(1) 供给并控制涡轮冷却叶片的冷却空气,保证叶片冷气进口具有要求的压力和温度。

(2) 冷却涡轮转子主要零件(叶片、轮盘和轴等),保持工作在允许的温度状态。

(3) 冷却涡轮静子主要零件(导向叶片、机匣、外环等),保持工作在允许的温度状态。

(4) 采取密封措施,建立燃气轮机内部盘轴系腔室压力,阻止涡轮燃气流入主通道内侧腔中。

(5) 调整流路结构,保持燃气轮机有关腔室压力或专门设置的卸荷腔压力,使转子止推轴承的轴向载荷满足规定的设计要求。

(6) 控制压气机盘和轴的温度状态,满足强度和几何热响应要求。

(7) 在轴承腔周围阻隔高压热空气侵入,为轴承腔提供适当压力和温度的密封空气。

(8) 必要时,根据专门设计要求,安排适当流路系统,控制涡轮和压气机机匣与外环温度响应,使叶片顶部具有各状态下有利于燃气轮机性能折中的最小径向间隙。

(9) 为防冰系统提供加温空气。

2. 空气系统设计原则

(1) 空气系统设计时以尽量不改动、少改动母型机结构设计为原则。

(2) 满足轴承密封、隔热的设计要求。按照轴承对使用环境的要求,进行轴承密封设计。

（3）满足轴承轴向载荷的设计要求。

（4）空气系统各节流单元的几何尺寸应满足相关结构件的强度设计要求。

3. 空气系统改进规划技术

参照母型机规划初步空气系统,采用压气机专业计算的各级压气机压力、温度（或按平均级压比粗略计算各级压气机压力、温度）校核初步空气系统合理性,这时不必计算引气沿程压降及沿程温升。重点关注轴承密封压力、温度是否过高,高压转子、低压转子、动力涡轮转子轴向力评估,涡轮级间密封、冷却气压力是否过低。

对于评估后不合适的空气系统引气,改用压力、温度合适的压气机引气,必要时重新规划新的空气系统流路。

3.6　安　装　系　统

燃气轮机转子、静子上的各种载荷（重量、轴向力、振动力、惯性力、冲击力、力矩及扭矩等）通过静子承力框架和承力机匣传到安装系统,安装系统再将燃气轮机承力系统所传的载荷及机组运行时所产生的各种所传载荷传给安装平台,同时保持燃气轮机的姿态在允许的范围内。安装系统的合理与否将直接关系到燃气轮机承力线路上各部件的应力水平和变形程度,还直接关系到转静子间是否产生碰磨或转子弯曲,影响燃气轮机整机的振动水平,因此,承力系统与安装系统的设计是密切相关的。

在燃气轮机最初的方案设计阶段就应该对承力系统和安装系统间相互影响的关系进行统筹计算与分析,一旦承力方案确定,安装系统的设计方案也就基本确定不再轻易进行大的修改,否则应重新进行系统的、全面的受力分析和变形分析。

3.6.1　安装系统概述

燃气轮机的安装系统通常由安装节、支承结构件、底架组成,运行中的燃气轮机所产生的各种载荷都经安装节、支承结构件、底架后传递给地基或船体。安装系统一般具有以下功能或特性。

（1）安装固定应牢固、稳定、振动小,能承受各种可能的作用力,包括机组自身的作用力和舰船行驶时产生的惯性力或冲击力。

（2）支承截面应尽量地靠近轴承座,以保证燃气轮机转子的可靠固定和良好同轴度。

（3）应满足机匣热膨胀不受阻碍。

（4）应能满足燃气轮机工作时功率输出端与负载的同轴度要求和端面热膨胀

位移量要求。

（5）满足抗冲击性能要求。

3.6.2　安装系统设计原则

（1）主辅支点位置的选择。主支点一般选择靠近功率输出端的承力机匣上，以减少输出轴轴向热伸长量，便于联轴器的设计。相应的辅助支点则设置在远离输出端的承力机匣。

（2）支承方式的选择。支承方式一般有安装座式、杆式、板式、销轴式、滑道式等几种。安装座式通常用于燃气轮机主支承位置，承受较大载荷；杆式通常用于辅助支承，承受较小载荷；板式通常在主、辅支承处配套使用；销轴式通常用于主支承的轴向定位，一般配合安装座使用；滑道式通常用于燃气轮机的侧向辅助定位。

（3）热膨胀的协调。安装系统热膨胀的协调主要存在于 3 个方面：一是机匣轴向热膨胀协调，要求支承能吸收机匣的轴向变形量；二是机匣径向热膨胀的协调，要求热端机匣处的支承能够吸收机匣的径向变形量；三是支承本身热膨胀的协调，要求支承本身热变形不能对燃气轮机输出轴与负载的同轴度产生很大的影响。

（4）对中调整方式的设计。燃气轮机与负载的对中、燃气轮机与排气装置的对中、燃气轮机附件机匣与起动机的对中等均需要通过安装系统实现，在安装系统设计时必须考虑对中调整的要求，必要时设置相应的调整机构，保证对中调整的便捷、可靠。

3.6.3　安装系统与承力系统

承力系统作为燃气轮机内部的核心框架，燃气轮机转子和静子在运行中产生的各种载荷通过承力系统传至安装系统，最后传递给安装平台（底座）。设计中应统筹、合理地承受和传递这些载荷，尽量地减少承力构件的最大载荷值。

安装系统与承力系统是休戚相关、互相依存的两个系统。安装系统是直接将燃气轮机重力、振动和其他载荷传至安装平台（底座）及承受船体带来的冲击、振动等载荷的承力构件。如果安装系统的强度、刚度不够或配置不合理，不仅燃气轮机的正常工作得不到保证，而且还会破坏承力系统的稳定性，对燃气轮机工作的安全性构成威胁。

燃气轮机的承力系统对于燃气轮机支承截面的布局至关重要，支承截面布局形式关系到整机的抗冲击性能和机匣壁厚取值大小，支承截面布局配合整机机匣刚性满足转子、静子界面间隙设计对机匣变形的限制，满足转子动力学设计要求的转子轴承支点柔度。支承截面布局需要考虑转子的支点布局、整机机匣刚性等，一般选择靠近功率输出端设置主支承截面，以减少输出轴轴向热伸长量，便于联轴器的设计。相应的辅助支承截面则选择远离输出端的承力机匣。

各截面支承结构设计需要考虑采用什么结构约束燃气轮机的自由度,并吸收协调机匣的轴向、径向热膨胀,减少热不协调影响,同时支承本身热变形不能对燃气轮机输出轴与负载的同轴度产生很大的影响。

3.6.4　安装系统承力

安装系统载荷的大小和方向不仅影响安装系统的结构形式,而且是安装系统零组件设计时强度效验的依据[65]。因此,在设计安装系统总体结构方案时,应首先分析了解作用在安装系统上的载荷大小和方向。燃气轮机工作时,安装系统所承受的主要载荷如下所示。

(1)燃气轮机/排气装置的重力。

(2)安装应力。

(3)燃气轮机运行扭矩。

(4)燃气轮机推力载荷。

(5)燃气轮机自身所引起的振动载荷和工作叶片断裂飞出产生的不平衡力。

(6)弹性联轴器带来的载荷。

(7)冲击载荷。

(8)吊装运输载荷。

(9)任何其他引起的载荷(舰船运动和状态变化)。

1. 燃气轮机/排气装置重力

燃气轮机/排气装置的重力通过安装节传递到安装系统上。

2. 安装应力

一般燃气轮机的安装系统为静不定结构,燃气轮机的安装系统存在过约束现象,同时安装系统结构件存在加工误差,因此,安装系统的安装存在安装应力,但可以通过合理的装配工艺和设计多组调整垫降低安装应力。

3. 燃气轮机运行扭矩

气流在燃气轮机流道内流动时,并不是始终沿着轴向流动的。如气流在流过压气机静子叶片或涡轮静子叶片时,其方向沿周向发生了变化。因而实际产生了气流动量矩的变化。说明气流流动时,静子叶片对气流有力矩的作用。

压气机进口气流可认为是轴向的,经过各级转子叶片和静子叶片时,气流方向来回转折,至压气机出口又变成或接近于轴向。即从整台压气机看,进口气流周向速度等于零,出口气流周向速度等于零,因此压气机内气流的动量矩无变化,也就是说,作用于压气机的总扭矩为零。这说明作用于各级静子叶片的扭矩总和等于作用于各级转子叶片的扭矩总和,但是方向相反。

$$M_{压转} = -M_{压导} \tag{3.1}$$

式中，$M_{压转}$为气流对压气机转子叶片的扭矩；$M_{压导}$为气流对压气机导向器叶片的扭矩。

在燃气轮机中，增压涡轮带动压气机转子。如果略去机械损失和传动附件的功率损耗，在稳定工况下，增压涡轮转子发出的扭矩等于压气机转子的反扭矩。

$$M_{压转} = - M_{涡转} \qquad (3.2)$$

$$M_{压导} = - M_{涡导} \qquad (3.3)$$

式中，$M_{涡转}$为气流对涡轮转子叶片的扭矩；$M_{涡导}$为气流对涡轮导向器叶片的扭矩。

所以涡轮机匣的扭矩经过燃烧室机匣和压气机机匣扭矩相平衡，也就是说，燃气发生器上所承受的总扭矩等于零。因此，涡轮机匣和压气机上的扭矩都不传到地基或舰船上。动力涡轮机匣所承受的扭矩没有类似压气机机匣那种反向扭矩相平衡，因此，动力涡轮机匣所承受的扭矩传到安装系统上进而传到地基或舰船上。动力涡轮机匣所承受的扭矩大小与动力涡轮转子输出的扭矩相等，方向与动力涡轮转向相反。

4. 燃气轮机推力载荷

气体流过主流道产生的气体力作用在燃气轮机机匣上，通过安装节作用在安装系统上。一般燃气轮机主机和排气装置采用软连接结构且两者独立安装，因此，燃气轮机主机和排气装置上的推力载荷可分别计算。

（1）作用在燃气轮机主机上的推力载荷。根据动量原理可知，作用在进气机匣进口截面和动力涡轮后机匣出口截面这一段气流上的合力 F 等于这段气流进、出口的动量变化。根据力学上的作用与反作用原理，这段气流必定给燃气轮机主机气流通道壁面反作用力 F'，F' 大小与 F 相等，方向相反。

（2）作用在排气装置上的推力载荷。燃气轮机的排气装置可看作弯管，作用在排气装置上的总气体力为进、出口截面上气体力的向量和，总气体力的方向指向弯管的离心力方向，如图 3.20 所示。

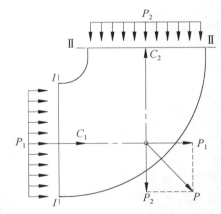

图 3.20　蜗壳气体力计算简图

5. 机匣热变形给安装系统带来的载荷

安装系统一般通过安装腿的旋转运动或弹性变形协调燃气轮机外机匣的轴向及径向热膨胀，以降低机匣的热应力。当采用弹性板结构吸收外机匣热膨胀时，弹性板承受外机匣热胀产生的力。机匣的刚性较强而弹性板变形产生的力较小，因此，对机匣不会产生危害性的应力。

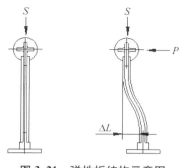

图 3.21　弹性板结构示意图

安装系统一般采用如图 3.21 所示的双板式弹性板,两端的安装节将弹性板分别固定在底座和机匣上,中间的两块竖板为弹性板的主要工作部分,用来协调机匣的膨胀。弹性板因变形而产生的内应力的大小与弹性板的惯性矩、长度及变形量 ΔL 有关。辅助支承弹性板一般采用向前或向后预安装机匣轴向膨胀量的一半,使得弹性板变形量 ΔL 较小,弹性板产生的内应力也小。

稳定性计算也是弹性板设计时所必须考虑的问题,对于两端固定的杆,根据材料力学两端固定杆的临界载荷可由式(3.4)计算:

$$S_{CR} = 4\pi EI/L^2 \tag{3.4}$$

式中,S_{CR} 为临界载荷;E 为弹性模量;I 为惯性矩;L 为支承板长。

显而易见,临界载荷与长度 L^2 成反比,与惯性矩 I 成正比。弹性板设计时应保证安装重量小于临界载荷;同时弹性板内的应力也有足够的安全系数。

6. 燃气轮机自身所引起的振动载荷和转子叶片断裂飞出产生的不平衡力

燃气轮机自身引起的振动载荷是动态的,其实质上是围绕燃气轮机的轴线转动的。燃气轮机自身引起的振动载荷通过安装节传递给燃气轮机安装系统。

转子叶片断裂飞出产生的不平衡力,通过安装节传递给安装系统,一般数值较大。

7. 弹性联轴器带来的载荷

弹性联轴器用来连接动力涡轮输出轴和负载,弹性联轴器允许动力涡轮输出轴和传动系统之间有轴向和径向的位移,同时也能在冲击过程中适应燃气轮机机体所产生的较大位移偏离。弹性联轴器的理想工作情况是在不承受轴向拉伸、压缩载荷或角位移的条件下工作,实际情况下由于温度变化和其他环境条件的变化这是不可能的。输出轴中心线与弹性联轴器中心线不同心时产生的载荷和传动系统热膨胀产生的载荷一并作用在输出轴上进而传递到安装系统上。

通过计算热膨胀量和预先设置冷态燃气轮机的安装位置,可以大幅度地减小弹性联轴器载荷。方法是通过计算传动系统、安装及底座结构等产生的热膨胀量,在安装联轴器时用于冷态的轴向预拉伸,向热膨胀相反方向预先拉出一定长度,以降低燃气轮机工作态时作用在输出轴、轴承及联轴器上的轴向载荷。

8. 冲击载荷

在水下发生非接触性爆炸时,爆炸产生的冲击力会对舰船设备产生威胁。燃气轮机作为舰船的动力装置,安装系统会将船体冲击力传到燃气轮机主机上。舰船通用规范中并未明确提及燃气轮机需承受的冲击量级,参考 LM2500 燃气轮机抗冲击要求。当燃气轮机刚性地支承于钢质船体上时,能经受得住下列的冲击载荷:垂直为 15g;轴向为 9g;横向为 7g。

9. 吊装运输载荷

吊装运输载荷是地面吊装或运输燃气轮机过程中引起的燃气轮机惯性载荷。

按航空涡轮发动机通用规范(GJB241A—2010),吊装运输装置需要承受发动机质心处的轴向、侧向、垂向载荷系数分别为 4、2 及 3 的质量惯性力。燃气轮机的吊点在安装系统上时,安装系统承受燃气轮机整机质量产生的吊装运输载荷。

燃气轮机一般采用公路运输,当运输车突然制动或经过颠簸路段时会对安装系统产生惯性力或冲击力,但可以通过采用气垫运输车和限制车速降低这部分载荷。根据相关运输包装件标准,产品在运输包装过程中需能承受的最大纵向过载为 2g。假定运输平板车的行驶速度为 80 km/h(约为 22 m/s),运输车在起动、减速过程中承受的加速度保守估计为 2 m/s^2、20 m/s^2,即约为 0.2g、2g。

10. 舰船机动惯性力

船舶急转弯、直线加速、倾斜摇摆或应急减速时,整机质量产生的惯性力和惯性力矩会对燃气轮机的稳定工作状态产生影响,特别是转、静子之间间隙的保持,在结构设计时应给以考虑。

舰船的倾斜与摇摆运动也会产生附加的力。这种力会使设备原有作用力的平衡遭到破坏,轴承工作条件发生改变,轴承润滑条件恶化,设备内部液面位置变化和液体外泄;舰船摇摆产生的角速度作用到燃气轮机上会对轴类零件产生陀螺力矩,对整机产生离心力。

3.6.5　国内外典型燃气轮机安装系统分析

1. 单转子、双轴 LM2500 燃气轮机

LM2500 燃气轮机由美国通用电气公司 TF39/CF6-6 航空涡扇发动机派生而来(图 3.22、图 3.23),它充分地利用了航空发动机 2 000 万小时的使用经验。1967 年开始设计,1969 年开始生产。截至 2018 年初,配装舰船数量达 1 250 台[66]。

LM2500 高度继承了 TF39/CF6-6 的核心机。作为燃气发生器,有 16 级轴流压气机;零级和前 5 排可调静叶;环形燃烧室;2 级涡轮;6 级 TF39 低压涡轮作为动力涡轮[67]。继承了航空发动机的承力系统,并进行了抗冲击试验。在冲击试验过程中,垂直方向输入 200g 的载荷,在减振器上面的底座上测得的峰值为垂向 13.7g;横向 6.3g;轴向 7.3g。在所有冲击试验分析基础上,通用电气公司的分析表明 LM2500 燃气轮机不装减振器时,直接刚性地与船体连接时能承受的冲击载荷为垂向 15g;横向 9g;轴向 7g[68]。

1）承力系统

高度继承航空发动机核心机的承力系统。动力涡轮和燃气发生器刚性连接。LM2500 转子的支点布局如图 3.22 所示。

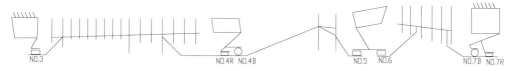

图 3.22　LM2500 转子的支点布局

从前到后有 4 个承力框架-进气机匣（新设计）、压气机机匣、涡轮机匣含燃烧室机匣、动力涡轮机匣（新设计）。因为压气机转子较长，动力涡轮也有 6 级、轴向长度也不短，所以在涡轮后机匣到压气机前机匣之间的传力路线之间设有 2 个中继框架，即压气机后机匣和涡轮后机匣，以增加机匣的刚性。

高压压气机后机匣、燃烧室进口扩压器、外套和涡轮机匣组成外传力结构，涡轮后机匣作为后承力框架。

2）安装系统

安装系统由燃气轮机支承和排气装置的支承组成，如图 3.23、图 3.24 所示。采用两截面支承布局，包括主、辅支承截面两个部分，功率后输出（热端输出）。前支承为辅助支承，由一个龙门架、一个叉型固定座和两根带有关节轴承的二力杆组成，如图 3.25 所示；前支承允许燃气轮机轴向热膨胀，解决左、右偏摆问题。主支承设在动力涡轮后框架上，由 4 个带有关节轴承的二力杆和 4 个固定座组成，可以将轴向、径向、旋转等所有自由度都约束住，承受轴向、垂向和水平方向的载荷，如图 3.26 所示。主支承设在动力涡轮后框架上，左右两侧均为二力杆及组合结构，可以将轴向、径向、翻转等所有自由度都约束住，结构轻巧，轴向载荷仅由左侧的两个拉杆（组成三角形状）承受。安装系统使燃气轮机三点悬置，可以将热膨胀和船体结构的挠曲产生的扭转与弯曲力矩对燃气轮机的影响降到最低。

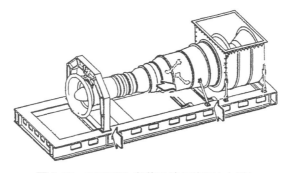

图 3.23　LM2500 安装系统示意图（右侧）

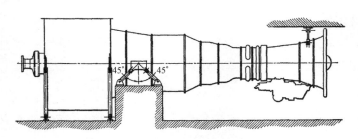

图 3.24   LM2500 安装系统示意图(左侧)

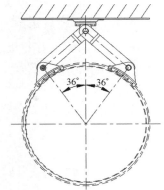

图 3.25   LM2500 辅助支承示意图

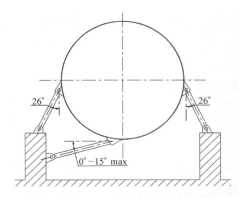

图 3.26   LM2500 主支承左侧横拉杆

主支承为燃气轮机定位位置,所有热膨胀从这个地方开始向前膨胀。在前顶部支承的轴向热膨胀为 22 mm,燃气轮机的安装应该使它的前端相对于前支承的位置向后移动约为 11 mm,以使它向前膨胀到 0 之后到+11 mm。燃气轮机和它的排气管之间的膨胀,由活塞环式的膨胀接头所吸收。

2. 双转子、双轴 LM6000 燃气轮机

LM6000 燃气轮机是通用电气公司研制的一台非常高效的航改燃气轮机,是在航空发动机 CF6‐80C2 的基础上改型发展的,它将母型航空发动机作为整台燃气轮机的基础不再单独研制动力涡轮,功率级别为 40 ~ 50 MW,功率既可前端输出,也可后端输出,主要用于机械驱动、发电,包括热电联供和联合循环[69]。

1) 承力系统

燃气发生器为双转子结构,高低压转子共有 7 个支点和 3 个承力框架,分别为中介机匣框架、高压压气机后框架和涡轮后框架,总体结构如图 3.27 所示,转子的支点布局如图 3.28 所示。

低压转子支承方案为 0‐2‐2,低压转子死点在低压压气机后轴颈处的 1(滚珠)轴承上。高压转子支承方案为 1‐2‐0,高压转子死点在高压压气机后轴颈处的 4B 号(滚珠)轴承上。

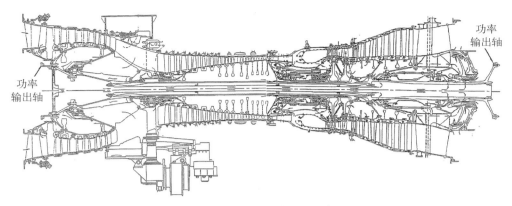

图 3.27　LM6000 总体结构示意图

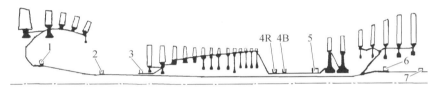

图 3.28　LM6000 支点布局

2）安装系统

采用两截面支承布局（图 3.29），主支承截面设在中介机匣框架上，由立柱或相似设计所支承的单球和枕块完成，见图 3.30 的前安装节。此支承截面仅可以进行俯仰运动，其尺寸的确定与轴向推力、运行扭矩及振动载荷相适应。

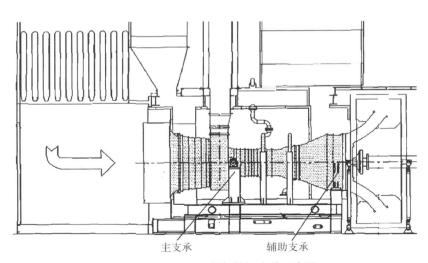

图 3.29　LM6000 燃气轮机安装示意图

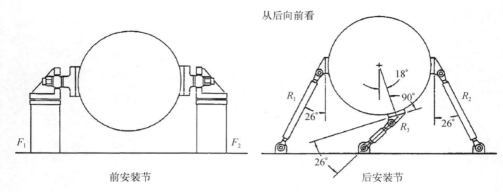

图 3.30　LM6000 前后支承截面结构图

　　辅助支承截面设在涡轮后框架上,有三个拉杆安装点,如图 3.30 中的后安装节所示,这些安装节提供燃气轮机垂向和侧向支承,辅助支承截面通过俯仰运动吸收机匣的轴向热膨胀。

　　输出轴的膨胀以 1 号球轴承(图 3.28)为起点向涡轮方向膨胀,膨胀量由轴的温度场及材料特性共同决定,与机匣的轴向膨胀无关。

　　3. 双转子、三轴 MT30 燃气轮机

　　MT30 燃气轮机是双转子、三轴后输出(热端输出)舰船燃气轮机,由英国罗尔斯-罗伊斯公司以 Trent 800 航空发动机为母型机独立研发,可用于护卫舰、驱逐舰及航空母舰,用于满足机械和电力两种驱动需求[70]。其简单循环的功率达到 36 MW,箱装体长度为 8.6 m,质量不超过 25 t,相比其他型号,具有更大的功率密度。MT30 燃气轮机热端部件大修时间为 12 500 h,整机大修时间为 24 000 h。在舰船上可修理的平均无故障时间为 2 000 h,除冷机时间外平均修理时间为 4 h。

　　1) 承力系统

　　MT30 燃气轮机为双转子结构,有 5 个支点,4 个主承力框架,分别为进气机匣、中介机匣、涡轮级间机匣和动力涡轮机匣。MT30 与 Trent 800 结构对比图如图 3.31 所示,MT30 转子支点布局如图 3.32 所示。

　　低压转子包括 8 级低压压气机、单级低压涡轮,支承方案为 1-2-0,低压转子通过低压压气机前轴颈支承在 1 号轴承(滚棒)上,载荷通过 1 支点轴承机匣、进气机匣等传出;通过低压压气机后轴颈支承在 2 号轴承(滚珠)上,载荷通过 2 支点轴承座、中介机匣等传出;通过低压涡轮轴支承在 5 号轴承(滚棒)上,载荷通过 5 支点轴承座、低压涡轮静子叶片、高、低压涡轮间机匣等传出。

　　高压转子包括 6 级高压压气机、单级高压涡轮,支承方案为 1-0-1,高压压气机前轴颈支承在 3 号轴承(滚珠)上,载荷通过 3 支点轴承座、中介机匣等传出;高压涡轮后轴颈支承在 4 号轴承(滚棒)上,通过 5 支点轴承座、涡轮级间机匣等传出。高、低压涡轮间采用级间承力框架,可减少转子间振动耦合的影响,增加燃气

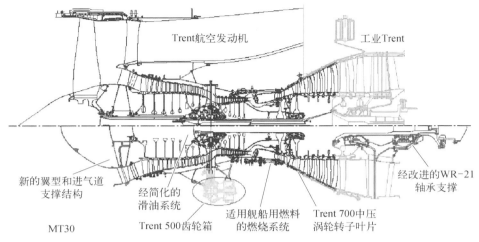

图 3.31　MT30 与 Trent 800 结构对比图

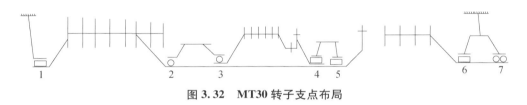

图 3.32　MT30 转子支点布局

轮机的抗冲击能力。

动力涡轮为 4 级,采用 0－2 支承形式。

高、低压压气机机间的承力框架由中介机匣、承力辐板、轴承座等组成,共同支承 2、3 号轴承;4、5 号轴承共用涡轮级间承力框架,在双转子结构的承力框架结构设计中,可减少高、低压转子间振动耦合的影响,提高燃气轮机的抗冲击能力。

2) 安装系统

燃气轮机的支承采用无冗余设计,两截面支承布局,虽然中介机匣同时支承 2、3 号滚珠轴承,但没在中介机匣设置外传安装截面,如图 3.33 所示。在进气机匣和涡轮后机匣处的截面支承结构均采用二力杆的组合结构,进气机匣两侧分别由一个呈 45°的二力杆支承,承受垂向和侧向力。涡轮后机匣处支承采用片状二力杆与机匣连接,两个二力杆的根部与立柱铰接,立柱与基础铰接,承受垂向力和侧向力。整机的垂向力由两个截面的支承承受,燃气轮机的推力和扭矩由动力涡轮机匣处支承承受。从主支承到进气机匣的热膨胀由前支承的二力杆吸收,从主支承向后的机匣热膨胀由柔性联轴器吸收。燃气轮机径向热膨胀按燃气轮机轴线是对称的,对于安装系统也是对称的[71]。

图 3.33 MT30 燃气轮机支承布局

4. 双转子、三轴间冷燃气轮机

国内某型燃气轮机为双转子、三轴航改间冷燃气轮机,功率后输出。

1）承力系统

高压转子支承形式为 1-0-1,低压转子支承形式为 1-1-1(图 3.34)。动力涡轮为 6 级,其机匣与燃气发生器刚性连接,转子与燃气发生器转子无机械连接,动力涡轮转子支承形式为双支点简支结构(图 3.34)。

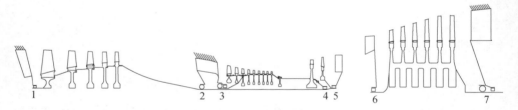

图 3.34 某型燃气轮机支点布局及支承结构

进气机匣、中介机匣和涡轮后机匣为燃气发生器的三个主承力框架,进气机匣、中介机匣为整体铸造结构,涡轮后机匣采用焊接结构。燃气发生器低压转子包括 5 级低压压气机、单级低压涡轮,支承方案为 1-1-1,前端以低压压气机一级盘前轴颈支承在 1 号(滚棒轴承)支点上,载荷通过 1 号轴承座及进气机匣传出;中部以低压压气机 5 级盘后轴颈支承在 2 号(滚珠轴承)轴承上,载荷通过 2 号轴承座及中介机匣传出;后端以低压涡轮后轴颈支承在 5 号(滚棒轴承)支点上,载荷通过 5 号轴承座及涡轮后机匣传出。低压涡轮和高压涡轮间采用中介轴承。

高压转子包括 9 级高压压气机、单级高压涡轮,支承方案为 1-0-1,前端以高压压气机前轴颈支承在 3 号支点(1 个滚珠轴承和 1 个滚棒轴承)上,载荷通过轴承座及中介机匣传出;后端以高压涡轮后轴颈支承在 4 号(滚棒轴承)支点上,且 4

号轴承为高、低压涡轮轴间轴承,载荷通过 5 号轴承经涡轮后机匣传出。

高低压转子的死点滚珠轴承都固定在主承力框架中介机匣上。

2) 安装系统

为了避免增加间冷器造成的机组轴向长度过长,安装系统采用三截面支承布局,主支承面设置在动力涡轮后机匣上,一个辅助支承面设置在进气机匣上,另一个辅助支承面设置在中介机匣上。某型燃气轮机的安装系统示意图如图 3.35 所示。高、低压转子的滚珠轴承都设置在中介机匣上,考虑燃气轮机的抗冲击性,在中介机匣处设置了一个辅助支承;同时考虑低压压气机轴向长度太长,所以在进气机匣处设置了第二辅助支承。

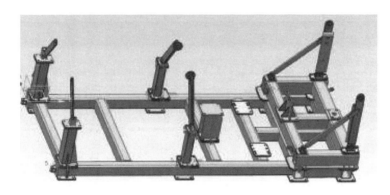

图 3.35　某型燃气轮机的安装系统示意图

主支承面由二力杆和销轴的组合结构构成,约束了燃气轮机三个方向的位移,同时约束了燃气轮机的所有旋转自由度,可以承受轴向、横向和侧向的冲击载荷,此处的二力杆可以吸收动力涡轮机匣的径向膨胀量。中介机匣辅助支承面采用双板式弹性板结构,既可吸收燃气轮机机匣在此处的所有轴向伸长量,也可承受横向的冲击载荷,增强燃气轮机的冲击强度。进气机匣辅助支承面采用二力杆组合结构,一方面可以吸收燃气轮机机匣在此处的累积轴向伸长量,另一方面可以承受垂向的冲击载荷。

安装系统通过仿真计算表明满足垂向 $15g$、横向 $9g$、轴向 $7g$ 的抗冲击指标要求,在这三个方向的冲击载荷单独作用和共同作用时,安装系统均满足抗冲击要求。

3.7　舰船燃气轮机抗冲击设计

燃气轮机是现代舰船最重要的动力设备之一,广泛地用作水面舰船和潜艇的动力设备。在海战中,舰船可能会遭受炸弹、导弹、鱼雷、水雷等武器的攻击,这些武器水下爆炸引起的冲击载荷可造成燃气轮机结构破坏甚至全舰船动力丧失,因此燃气轮机的抗冲击性能对舰船的生命力和战斗力非常重要,越来越受到人们的关注。近二十年来,随着水中兵器的不断发展,水中爆炸所形成的爆炸当量、冲击持续时间均明显增加,而且命中率也有所提高,对舰船燃气轮机的威胁越来越大。众多的海上战例及实船水下爆炸冲击试验结果表明,海军战斗舰船在水下爆炸环境中所显现出的突出薄弱环节,是舰船上许多重要设备及装置的抗冲击性能过差,在受到爆炸冲击后,导致装置系统功能受损,丧失生命力和战斗力。燃气轮机是舰船的动力之源,在舰船设备中占有重要地位,在冲击安全级别中属 A 级(最高级)设备,因此,如何提高舰船燃气轮机的抗冲击能力,对提高舰船生命力和战斗力具有重大意义[72]。

3.7.1 冲击环境

舰船包括航母、驱逐舰、护卫舰、反水雷舰艇、两栖舰艇、辅助船等水面舰艇,结构特点和使命任务各异,导致其舰载动力装置——燃气轮机冲击防护目标各不相同,面临的主要威胁环境也多种多样,包括来自水上反舰炸弹,水下的鱼雷、水雷、深水炸弹等。爆炸冲击作用形式包括空气和水介质中的冲击波、爆炸产物的高温高压、水下爆炸气泡脉动和溃灭水射流、弹头穿甲、破片侵彻等。

3.7.2 抗冲击设计

燃气轮机在水上、水下爆炸冲击作用下失效模式多种多样,可能造成一种或多种不利影响,实际上可以将破坏形式归纳为两类。

(1)机械强度损坏。机械强度损坏的形式通常为燃气轮机各部件结构在冲击作用下发生断裂或永久变形,若受损程度严重使燃气轮机不能正常工作,则认为该燃气轮机因冲击而发生故障。

值得注意的是,并不是所有的变形都会导致燃气轮机不能正常工作,如安装系统的轻微变形可能使燃气轮机处于继续正常工作的状态,但管路断裂、转子叶片等转子件碰磨、盘轴的永久性弯曲等可能使其不能工作。

(2)功能性损坏。如果冲击使燃气轮机功能发生重大变化,偏离工作包线,尽管燃气轮机未发生故障结构,也认为该燃气轮机不满足抗冲击要求,如燃气轮机机载电子设备在冲击作用下出现晶振损坏、中频失锁、板卡松动、电容器引线断线等。

为避免上述冲击导致的失效问题,我们要针对性地开展抗冲击设计,包括燃气轮机本体结构(包括压气机、燃烧室及涡轮三大部件及支承)、附属结构(综合电子控制柜、电机控制器、燃油控制装置等)和燃气轮机与船体之间隔振装置的设计。

1. 提高燃气轮机本体抗冲击能力

在燃气轮机方案设计阶段,就可以针对燃气轮机主机结构进行最初的抗冲击性能设计和分析,在冲击作用下,首先需要保证燃气轮机结构强度[73]。

1)减少无用质量

在冲击作用下,燃气轮机上受力大部分由惯性力引起,因此,改善燃气轮机冲击强度,一方面尽可能地减轻燃气轮机重量,降低惯性力,另一方面尽可能地提高燃气轮机结构强度,当抗冲击强度足够时,尽量选用低密度材料,燃气轮机重心尽量地靠近船体安装面,燃气轮机刚度重心尽量地保持和质量中心一致,避免各个方向的冲击响应产生耦合效应[74]。

如涡轮转子中的应力主要来自惯性力,将图 3.36(a)优化为图 3.36(b)时,邻近基面或轮毂的材料加工尺寸相对较大,保持周边尺寸相对较小,这样由于轮毂承载面积大,应力可保持最小值,因为承受载荷的面积大,而周边结构由于质量小也能够保持小应力。

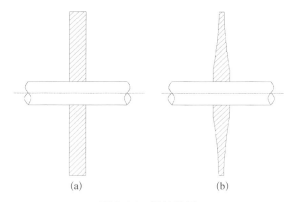

图 3.36　涡轮转子

2)避免应力集中

燃气轮机构件应力集中的危害主要是容易使构件缺陷处、开孔槽及有刚性约束处,在很小的冲击载荷下达到超过材料的屈服极限而产生断裂。为了避免燃气轮机构件因应力集中而造成的破坏,可采取以下措施。

(1)表面强化,对构件表面做喷丸、滚压、氮化等处理,可提高构件表面的疲劳强度。

(2)避免尖角,在构件设计过程中把棱角改为过渡圆角,适当地增大过渡圆弧的半径,效果更好。

(3)改善构件外形,曲率半径逐步变化的外形有利于降低应力集中系数,比较理想的办法是采用流线型线或双曲率型线。

(4)孔边局部加强,在构件开孔边采用加强环或做局部加厚均可使应力集中系数下降,下降程度与孔的形状和大小、加强环的形状和大小及载荷形式有关。

(5)适当地选择开孔位置和方向,构件开孔的位置应尽量地避开高应力区,并应避免因孔间相互影响而造成应力集中系数增高。对于椭圆孔,应使其长轴平行于外力的方向,这样可降低峰值应力。

（6）提高低应力区应力,减小构件在低应力区的厚度,或在低应力区增开缺口或圆孔,使应力由低应力区向高应力区的过渡趋于平缓。

3）安装系统结构刚度优化

燃气轮机安装系统是承载燃气轮机主机的载体,考虑抗冲击设计,应尽可能地提高安装系统的刚性,一方面刚性构件应力比挠性低;另一方面,提高燃气轮机安装系统的刚性,可减小主机各静子机匣之间的相对运动,减少转、静子碰磨的风险。通常,提高刚度的主要措施有以下几方面。

（1）用构件受拉、压代替受弯曲。

（2）合理布局受弯曲零件的支承,避免对刚度不利的受载形式。

（3）合理设计受弯曲零件的截面形状,尽可能地增大截面惯性矩。

（4）正确采用肋板以加强刚度,尽可能地使肋板受压。

（5）用预变形（由预应力产生的）抵消工作时的受载变形。

4）燃气轮机抗冲击数值模拟

针对燃气轮机结构特点,结合舰船设备抗冲击分析的相关理论和数值试验方法（等效静力法、动态设计分析法和时域模拟法）,利用 ANSYS 软件,采用数值模拟法对燃气轮机在垂向、横向和纵向进行冲击计算,并根据燃气轮机的冲击响应,用国军标校核其薄弱环节的冲击安全性,并相应地进行结构优化,以提升抗冲击能力[75]。

2. 降低燃气轮机本体受到的冲击

在燃气轮机抗冲击设计过程中,通过削弱激振源和避免共振来降低燃气轮机本体受到的冲击,工程上往往通过振动隔离控制来实现。

振动隔离控制通常分为主动控制和被动控制,主动控制是指引进外部能量来降低燃气轮机本体受到的冲击;被动控制则无须外部能量来实现降低燃气轮机本体受到的冲击,被动控制又分减振、隔振、吸振等多种形式。减振是一种通过消耗振动能量来减弱燃气轮机振动的控制方法;隔振是一种通过控制振动的传递,改变振源对燃气轮机激励的能量频谱结构来减弱燃气轮机振动的控制方法;吸振是一种通过转移振动燃气轮机的能量来减弱燃气轮机振动的控制方法。

振动隔离控制最核心的部分是振动隔离装置,其中隔振器是振动隔离装置的重中之重。

3.7.3　冲击防护

1. 隔振器

根据 ISO 2041：2018 机械振动冲击和状态监测词汇（Mechanical Vibration Shock and Condition Monitoring-Vocabulary）中规定,隔振器通常是指串联于振动、冲

击波、声波等的传递途径中,起到隔离防护作用的装置。燃气轮机隔振具体是在燃气轮机与船体之间增加柔性环节,从而使两者间传递的力激振或运动激振得以降低的措施,根据隔振目的的不同,可分为以下两类。

(1) 减小力激振的传递,常称为第一类隔振,简称为隔力,是将运动着的振源与地基、基础隔离,减小振源的激振力向地基、基础传递。

(2) 减小运动激振传递,常称为第二类隔振,简称为隔幅。振幅可以是隔振对象的绝对振幅或隔振对象相对于基础的振幅,振幅可取位移、速度或加速度。

这两类隔振虽然概念有所不同,但是实施起来方法是一致的,都是通过燃气轮机和船体间加装隔振器作为弹性支承来实现。

1) 分类

隔振器靠其内部的弹性件来隔离振动,所用的弹性件为隔振材料,按照隔振材料分类,主要包括橡胶隔振器、金属弹簧隔振器、空气弹簧隔振器、泡沫塑料隔振器、软木隔振器及毛毡隔振器等。常用隔振材料特性如表 3.2 所示。

表 3.2　常用隔振材料特性

材料类型	主 要 特 性	应 用 范 围	注 意 事 项
橡胶	承载能力低、刚度大、阻尼系数为 $0.05 \sim 0.15$,有蠕变效应,耐温范围为 $-50 \sim 70℃$,易于成型,能自由地选取三个方向的刚度	多用于高频振动的积极和消极隔振,和金属弹簧配合使用效果好,可做成承压型或承剪型隔振器	相对变形量应控制在 $10\% \sim 20\%$,避免日晒和油、水侵蚀,承压型隔振器。还应保证橡胶件有自由膨胀空间
金属弹簧	承载能力大、变形量大、刚度小、阻尼系数小 $(0.001 \sim 0.005)$,水平刚度小于垂直刚度,故易晃动,价格低廉	用于消极隔振和激振力大的设备的积极隔振。易晃动,不适用于精密设备的隔振	当需要大的阻尼时,可加阻尼器或与橡胶减振材料组合使用
空气弹簧	刚度由压缩空气的内能决定。改变内压力可以具有各种不同的承载能力。兼有隔振和隔音效果,阻尼系数为 $0.15 \sim 0.5$,使用寿命长	用于机车车辆、汽车及有特殊要求的精密设备的隔振。可制成具有任意非线性特性的隔振器	应有恒压空气源保持压力稳定。当环境温度超过 $70℃$ 时不宜采用
泡沫塑料	刚度小、承载能力低、性能不稳定、易老化	用于小型仪表的消极隔振	工作应力应控制在 $1.96 \times 10^4 \ N/m^2$ 以内
软木	质轻,有一定弹性,阻尼系数为 $0.02 \sim 0.12$,有蠕变效应	用于积极隔振,或与橡胶、金属弹簧组合使用时作辅助隔振器	应力应控制在 $9.8 \times 10^4 \ N/m^2$ 左右,要防止软木向四周膨胀,软木上应垫塑料,防止吸水或吸油
毛毡	阻尼大、弹性好,并在干、湿反复作用下易变硬而丧失弹性,阻尼系数为 0.06 左右	多用于冲击隔离	使用时其厚度一般取为 $(6.5 \sim 7.5) \times 10^{-3} \ m$

按照隔振器的动态刚度分类,主要包括以下几方面。

(1) 线性特性隔振器:刚度为常数,例如,普通螺旋弹簧隔振器,特点是隔振、吸能效果较差。

（2）渐软特性隔振器：刚度随隔振器变形而减少，如钢丝绳隔振器，特点是吸能效果好，缓冲能力强，变形位移大。

（3）渐硬特性隔振器：刚度随隔振器变形而增大，如 BE 型橡胶隔振器，特点是冲击变形位移较小，吸能效果较差，限位性能好。

（4）双线性隔振器：刚度随隔振器变形呈折线关系，一般后段刚度比前段高，如组合式螺旋弹簧隔振器，特点是隔振效果好，冲击变形位移小，吸能效果较差。

（5）双曲线隔振器：刚度兼具渐软特性和渐硬特性隔振器，如橡胶钢丝绳隔振器，特点是冲击和隔振效果较好。

按照隔振器的载荷类型分类（图 3.37），主要包括以下几方面。

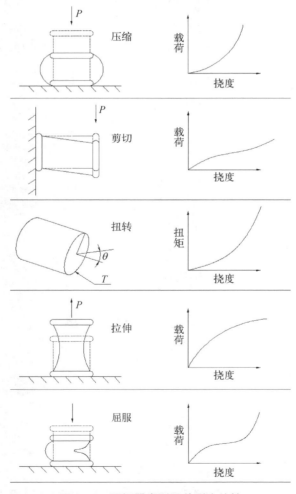

图 3.37   隔振器类型及其刚度特性

（1）压缩型隔振器：隔振器的弹性元件在外部压力作用下厚度减少,刚度特性表现为非线性硬化特性,可提供较低的初始刚度和较高的最终刚度,限制冲击作用下的变形。

（2）剪切型隔振器：隔振器的弹性元件在外部剪力作用下发生相对滑移,刚度特性表现为近似线性特性。

（3）扭转型隔振器：剪切载荷型隔振器的改型,其弹性元件在外部扭力的作用下发生相对扭卷。

（4）拉伸型隔振器：隔振器的弹性元件在外部拉力作用下厚度增加。隔振器刚度特性表现为非线性软化特性,可提供较高的初始刚度和较低的最终刚度,提供较好的储能效率。

（5）屈服型隔振器：隔振器的弹性元件在外部压力作用下弯曲,隔振器刚度特性表现为软化刚度特性和硬化刚度特性,可提供较高的储能效率,并限制其变形。

2）特性参数

隔振器的特性参数主要包括以下几方面。

（1）额定载荷 m。隔振器在正常工作情况下所能承受的最大载荷,在使用中实际载荷不要超过该载荷的 5%～10%。

（2）静刚度 k。在准静态情况下(变形速度小于 1 cm/min)测得的作用于隔振器上的增量与相应的位移增量之比。

（3）动刚度 K_d。在一定频率和振幅下测得的作用于隔振器上的力增量与相应位移增量之比。

（4）振动阻尼比 ς。阻尼是振动变形过程中与速度或位移相关的一种能量耗散,阻尼比则是阻尼系数与临界阻尼系数的比值。

（5）固有频率。隔振器及其额定载荷组成的系统自由振动的谐振频率,隔振器在不同方向上有不同的固有频率,甚至某些隔振器在不同幅值的激励作用下固有频率也不同。

（6）最大冲击力 F_m。隔振器在冲击作用下自身不发生损坏和超过允许残余变形,并且其主要性能参数不产生异常变化的载荷(图 3.38)。

（7）最大冲击位移 D_m。隔振器在冲击载荷作用下达到的最大变形量(图 3.38)。

（8）残余变形 D_r。冲击结束后隔振器上抗力为零时的变形量(图 3.38)。

（9）最大冲击能量 W_m。动态力与压缩变形关系曲线的加载段(从 O 到 D_m)与水平坐标所围成的($OABD_m$)面积(图 3.38)。

（10）等效冲击刚度 K_e。动态力与压缩变形关系曲线中用过原点的某一直线的斜率来表示缓冲元件的等效刚度,条件是该直线与水平坐标围成的三角形

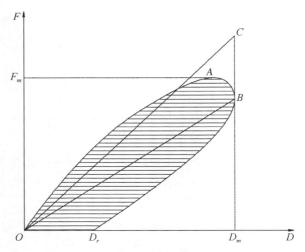

图 3.38   冲击作用下隔振器冲击力-变形曲线

（OCD_m）面积与最大冲击能量相当（图 3.38）。

3）隔振效果指标

将激振力或振动幅值在振动传递过程中减轻，是隔振想要达到的目的，对于舰船燃气轮机，人们所关心的是通过采取隔振措施，燃气轮机的振动到底得到多大程度的衰减[76]。因此，隔振效果的衡量指标非常必要。

当振动由船体通过隔振材料或隔振器传递到燃气轮机时，振动的力及加速度、位移将会发生变化，其变化用传递系数（振动传递率）来描述。隔振效果常以传递系数来表示，它可以是力的传递率——经隔振器传递的稳定的力值与激振力值之比，也可以是位移传递率——经隔振器传递的位移量和激励幅值之比。

在隔振设计中，隔振效果的衡量有以下常用参数。

（1）隔振效率：$I = 1 - T$，T 为传递系数。

（2）幅降倍数：用于第二类隔振，代表了采用隔振措施后，燃气轮机振幅比船体扰动幅值降低的倍数，常用绝对传递率 T_A 的倒数表示。

（3）隔振系数：代表采用隔振措施后振动级降低的程度，常以分贝表示：

$$N = 20\lg\frac{F_r}{F_0} = 20\lg\frac{\mu_0}{\chi_0} = 20\lg\frac{1}{T_A} \tag{3.5}$$

式中，F_r 和 F_0 分别为输入力与响应力；μ_0 和 χ_0 分别为响应的振动幅值与振源的振动幅值；T_A 为绝对传递率。

4）隔振器的设计选型

隔振器的设计核心是根据已知的燃气轮机安装情况、振动冲击输入条件和隔振抗冲击指标要求，来确定隔振器类型和布置方案，隔振器的类型是以刚度（动刚度、冲击刚度)、阻尼比、载荷等特性参数来确定的,而其布置方案则需要综合地考虑燃气轮机重量、重心分布、安装及维修空间大小等因素来确定。

通常,开展隔振器的设计选型可采用图 3.39 中两种方法。

串行法。以减振(或抗冲击)功能为主,按照减振(抗冲击)指标要求开展减振(抗冲击)设计,确定隔振器动刚度和载荷,选择相应的隔振器型号,并在此基础上根据隔振器冲击刚度计算燃气轮机隔振器——舰船隔振系统是否满足抗冲击要求。

并行法。针对系统隔振和抗冲击指标要求,同时开展隔振和抗冲击设计,分别确定隔振器动刚度、冲击刚度和载荷,从隔振器型谱中选定隔振器具体型号。

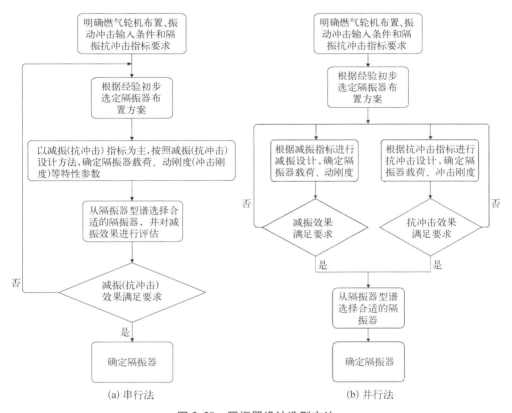

(a) 串行法　　　　　　　　　　　(b) 并行法

图 3.39　隔振器设计选型方法

(1) 参数计算。假设隔振器没有质量,仅有刚度和阻尼,如图 3.40 所示,假设燃气轮机振动干扰输入为 $F_0 \sin \omega t$,则燃气轮机-隔振器系统可描述为

$$m\ddot{x} + kx + c\dot{x} = F_0 \sin \omega t \tag{3.6}$$

系统固有频率为

$$\omega_n = \sqrt{\frac{k}{m}} \qquad (3.7)$$

传递至燃气轮机支承上的振动为 $F_0' \sin(\omega t + \theta)$，则系统的振动传递率为

$$I = (1 - T) \times 100\% = \frac{\left(\dfrac{\omega}{\omega_n}\right)^2 - 2}{\left(\dfrac{\omega}{\omega_n}\right)^2 - 1} \times 100\%$$

$$(3.8)$$

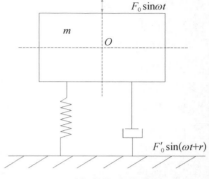

图 3.40　燃气轮机-隔振器示意图

系统的隔振率为

$$T = \frac{F_0'}{F_0} = \sqrt{\frac{1 + \left(2\zeta\dfrac{\omega}{\omega_n}\right)^2}{\left(1 - \dfrac{\omega^2}{\omega_n^2}\right)^2 + \left(2\zeta\dfrac{\omega}{\omega_n}\right)^2}} = \frac{1}{\dfrac{\omega^2}{\omega_n^2} - 1} \qquad (3.9)$$

（2）隔振器选型。

① 根据燃气轮机重量、尺寸，初步确定隔振器布置方案，明确隔振器个数。

② 确定隔振效率 I，一般取 $70\% \sim 90\%$。

③ 根据扰动频率和隔振效率，确定 ω/ω_n。

④ 根据固有频率确定系统刚度 $k = m(2\pi f_n)^2$。

⑤ 确定单个隔振器的刚度和载荷。如果隔振器并联，则每个隔振器刚度为 k/n，载荷为 m/n。

⑥ 根据隔振器载荷和刚度，从隔振器型谱选择合适的隔振器。

2. 浮筏隔振器

燃气轮机浮筏隔振系统如图 3.41 所示，单台或多台舰船燃气轮机通过上层隔振器弹性地连接到中间筏体上，中间筏体也称浮筏，中间筏体通过下层隔振器与船体基座相连。浮筏隔振系统实际上是多激励的双层隔振系统。

浮筏隔振系统和一般的双层隔振系统相比，具有以下特点。

（1）多扰动特性。浮筏隔振系统一般适用于多台舰船燃气轮机，相应的具有多个激励频率，需要隔离的扰动力的频率、位置是多方面的，对设计的要求比普通双层隔振系统更高。

（2）中间刚体的非刚性。机组之间互为质量可以减轻中间筏体的质量，加上中间筏体向大型轻质化的方向发展，中间筏体不能被视为刚体。

（3）多向隔振特性。系统的扰动力有可能在不同的方向，所以要考虑不同方

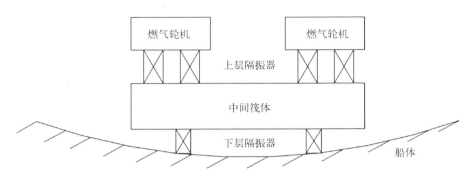

图 3.41　燃气轮机浮筏隔振系统

向上的隔振性能。

（4）基础的非刚性。实际上基础的机械阻抗并非无穷大,隔振设计中要考虑到基础机械阻抗的影响。

（5）设计的灵活性。中间筏体的形式多种多样,有平板式、框架式、梁式等,筏体可以平置、斜置或者吊起,设计起来灵活多样。

浮筏隔振系统若设计合理,可以达到双层隔振系统的隔振效果,但相对于一般的双层隔振系统附加的质量小,节省空间,而且布置更加灵活,具有广阔的应用前景。

3. 柔性联轴器

柔性联轴器在燃气轮机机组中通常起着传递动力、补偿径向和轴向不对中的作用,也可通过调整联轴器的扭转刚度来调整燃气轮机机组的扭转振动固有频率,使其避开机组的激振频率,使得机组能够安全运行。此外,对于舰船燃气轮机还可以通过联轴器提供振动阻尼,减小冲击载荷。

通常燃气轮机所用的柔性联轴器,主要是金属弹性元件联轴器,按其传扭方式分为以下几种。

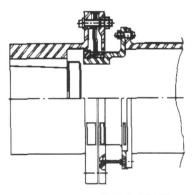

图 3.42　金属膜片式联轴器

1）金属膜片式联轴器

其扭矩是在金属柔性膜片的内、外径之间传递,结构如图 3.42 所示,金属弹性膜片可以是一组或者是一片,利用其变形来吸收径向和轴向不对中。

2）金属膜盘式联轴器

如图 3.43 所示,金属膜盘式联轴器主要靠膜盘的弹性变形来补偿径向和轴向不对中,弹性金属膜盘有多种形式,常见的形式如图 3.44 所示。

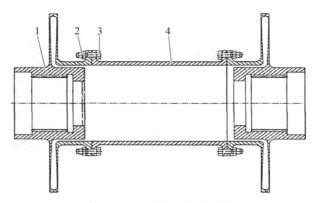

图 3.43　金属膜盘式联轴器

1-膜盘组件;2-自锁螺母;3-螺栓;4-中间轴

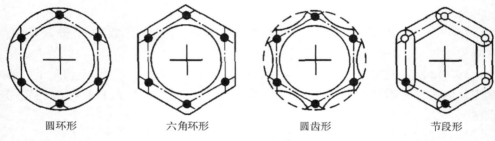

圆环形　　　　　　六角环形　　　　　　圆齿形　　　　　　节段形

图 3.44　不同形状的金属膜盘

3）细长中间轴联轴器

燃气发电机组中还经常使用细长中间轴联轴器,如图 3.45 所示,用其中间长轴的柔性来补偿径向和轴向的不对中,这种中间细长轴大大减少了悬臂质量,因而也减小了机组的振动,同时由于这种细长轴的高柔性,使其能够阻隔传向燃气轮机负载（如空气螺旋桨、垫升风机）的扭转激振频率。

图 3.45　细长中间轴联轴器

3.8　环保要求与防护措施

3.8.1　噪声要求与噪声抑制措施

1. 噪声要求

在燃气轮机机组的设计和运行过程中,应该采取有效措施,使机组的进气噪声控制在国家标准允许的范围内。国标文件 GB 14098 - 1993 中规定,在距机组或其箱外主要表面 1 m 的允许噪声级如表 3.3 所示。

表 3.3　不同暴露时间的允许噪声级

连续噪声暴露时间/h	允许噪声级/dB(A)
8	85~90
4	88~93
2	91~96
1	94~99
0.5	97~102
0.25	100~105
0.125	103~108

2. 噪声来源

燃气轮机在工作时会产生低、中、高各种频率的噪声,燃气轮机压气机、涡轮等装置的转子叶片周期性转动使得流过燃气轮机的气流产生压力脉动和湍流脉动,从而产生强烈的噪声。主要包括进气系统噪声、燃烧室噪声和排气噪声。

1) 进气系统噪声

燃气轮机正常运行时,进气管道内高速流动的空气在不同结构的接口和管道之间转折处产生气流的分离与漩涡,从而产生压力波动,以及运行时通过进气系统向外辐射的噪声成为进气系统的主要噪声源。进气系统的噪声源根据产生机理的不同主要包括周期性的压力脉动噪声、管道气柱共振噪声、高速气流涡流噪声及进气管道的亥姆霍兹共振噪声等。一部分噪声沿着进气管道从进气口向外辐射,另一部分噪声会引起管道壁面的振动,产生振动噪声并向外辐射[77,78]。依据噪声产生的机理,进气系统噪声可分为以下几种。

(1) 机械噪声。主、辅机间的机械设备运转时由机械设备运转、振动、摩擦、撞击等辐射出来的噪声,以中、低频为主,主要产生噪声的设备有各类金属零部件和泵体。

(2) 电磁噪声。由磁场脉冲及电磁场产生的噪声,以中、低频为主,主要产生噪声的设备有电机、变压器、继电器等。

(3) 空气动力噪声。由气流流动所产生的噪声,具有低、中、高各种频率,主要产生噪声的设备有辅机间通风口、燃气轮机间通风口、进气道及排气道等。这几种噪声通过进气系统向外辐射,在离机组 1 m 处,测量的噪声级可以达到 100 ~ 116 dB(A),在进、排气口外 1 m 处,测量的噪声级可以达到 112~134 dB(A)。

2) 燃烧室噪声

直接噪声是燃油喷入后点火燃烧过程中强烈的湍流流动产生的,油气混合物在燃烧中发生剧烈膨胀产生压力波并以声音的形式直接向外传播。间接噪声是由高温燃气产物在通过各级涡轮时的压降产生的,主要以熵噪声的形式存在,在燃气产物气体流动过程中,气流的密度变化产生了熵的脉动,从而产生了声波。

3)排气噪声

燃气轮机的排气噪声由两部分组成。一部分是燃烧室中的燃烧噪声,形成了低、中频噪声;另一部分是高速高温的压力能转换成机械能,其高速高温燃气经动力涡轮排气蜗壳排入大气形成了低频噪声。

燃气轮机的进排气噪声、燃气轮机本身振动、传动齿轮等机械噪声经过机匣壁向四周辐射而形成了宽频带噪声。

3. 噪声抑制措施

1)进气系统降噪措施

进气系统的噪声种类很多,有机械性噪声、电磁性噪声和空气动力性噪声等。噪声的控制要从声源、传播途径和接受者之间进行综合的治理,包括治理噪声源、在噪声传播途径上降低噪声及在接受位置进行防护。针对进气系统提出以下几种噪声控制方法。

(1)吸声降噪。吸声材料应用于工程噪声控制的几乎所有领域,一般具有疏松、轻质、多孔结构等特点。吸声材料根据声学理论中不同的吸声原理分为共振吸声结构材料和多孔吸声材料两大类。

(2)隔声降噪。隔声是机械噪声控制工程中常用的一种技术措施,它利用板、墙或构件作为屏蔽来隔离空气中传播的噪声,从而获得安静的环境。

(3)阻尼减振降噪。声波引起的振动以弹性波的形式进行传播,导致其他部件的振动,这些振动最终向空气中辐射噪声。阻尼是指通过对振动的有效处理引起能量的损耗,也就是将机械振动和声波振动的能量在一定的条件下转变成热能或者其他可耗损的能量,最终达到减振降噪的目的。阻尼材料是具有内损耗、内摩擦的材料,工程上最常应用的阻尼材料是黏弹性阻尼材料,它是一种高分子材料。

2)燃烧室噪声抑制措施

根据通用电气公司对航空发动机燃烧室的总声功率分析结论,燃烧室噪声的声功率级的主要影响因素有空气流量、油气比、升高的温度、气体压强等,当通过燃烧室的流量增大时,流速增加,油气比增加,温升增加,声功率也增加。此外,燃烧室的几何变化和工作状态对燃烧室噪声也会产生影响。燃烧室的几何变化包括单管形、环管形和全环形,这些几何变化会对燃烧室噪声产生很大的影响;燃烧室燃烧过程是在湍流的条件下进行的,当功率增大或者减小时,燃烧室中气流的流量、流速和燃烧温度都会发生变化,从而导致燃烧室噪声声功率的变化。

随着燃烧室从管状燃烧室向环形燃烧室转变,燃烧室的出口温度进一步提高,长度进一步缩短,随着燃烧室温升要求的不断增加,燃烧室噪声问题也变得更加突出,对燃烧室噪声抑制技术的开发迫在眉睫[79]。但是,目前国内外对燃烧室噪声抑制的方法研究尚处于初级阶段,主要原因有以下几方面。

(1) 燃烧室噪声声源在核心机内部,由于核心机结构的复杂性和外部压气机、涡轮叶片的阻挡,燃烧室噪声在传播过程中会发生声能和声压上的衰减,辐射到远场的燃烧室噪声可以认为不是航空发动机的主要噪声源。

(2) 当发动机的功率在一个大范围内变化时,燃烧室噪声的变化范围很小,使用吸声装置能够有效地减小发动机的噪声。考虑到燃烧室噪声的降噪措施,可以采用以下几种方法:均匀喷油保证燃烧时的放热率和减小燃气的密度脉动;使用多个喷油嘴减小气流压力脉动;使用环形燃烧室;让燃油和空气充分混合,保证火焰的稳定性;安装吸声装置减少排气管道内的燃烧室噪声。

3) 排气噪声抑制措施

喷流噪声是由喷气流与外界相对静止气流急剧混合产生的,与喷气流速度呈 8 次方正比关系,此外喷流噪声与发动机喷口的结构也有一定关系。因此,在考虑发动机喷流噪声抑制技术时,从减少发动机喷口流速和改变发动机喷口形状入手,采取一些有效的方法抑制发动机喷流噪声,总结方法主要有以下几种:采用锯齿形喷管,增加发动机涵道比,采用多喷口尾喷管,在排气口安装吸声装置等。

排气引射系统是借助热动力装置(或发动机)排出的高温气流的能量泵吸周围环境中的冷空气以实现抑制排气噪声、抑制动力装置的红外辐射。

3.8.2　排放要求与排气污染物控制技术

1. 排放要求

燃气轮机的污染物排放包括 CO、UHC、颗粒物(C)、NO_x 等。CO 能够降低红细胞吸收氧的能力,在浓度高时会导致人和动物的窒息甚至死亡。UHC 与 NO_x 结合后会形成光化学烟雾,对人体造成强烈刺激,使人眼发红、流泪,咽喉疼痛,甚至造成呼吸障碍,肺功能异常,严重时会危及人的生命。空气中悬浮颗粒物微粒会造成 PM2.5 超标,引起哮喘等呼吸系统疾病,危害人类身体健康。因此,不论是航空发动机、舰船推进燃气轮机,还是地面发电工业燃气轮机,都需要研究降低排放的方法。

在航空发动机方面,美国曾在 1979 年制定飞机喷气发动机排气污染标准,促进了喷气发动机的技术发展,飞机排放的 CO 和 UHC 量显著下降,但 NO_x 降低程度不大。国际民航组织多次修改航空发动机污染排放指标,分别于 1993 年、1999 年和 2004 年发布了 CAEP2、CAEP4 和 CAEP6 标准,对发动机排气中污染物的限制越来越严格。虽然 CO、UHC 和烟的排放标准没有改变,但 NO_x、CO、烟的排放分别降低了 20%、16.5% 和 12%。因此污染排放量高低也成为衡量燃烧室是否先进的一个重要参数指标[80]。

美国 2006 年颁布了地面燃气轮机污染物排放标准,根据燃气轮机的功率、燃料、用途等对污染物排放做出了详细规定[81]。

（1）对于新的发电用且燃料为天然气的地面燃气轮机氮氧化物的体积分数限制为 42 ppm①（<3 MW）、25 ppm（3~110 MW）、15 ppm（>110 MW）。

（2）对于新的发电用且燃料为非天然气的地面燃气轮机氮氧化物的体积分数限制为 96 ppm（<3 MW）、74 ppm（3~110 MW）、42 ppm（>110 MW）。

（3）对于新的机械驱动燃气轮机（<3.5 MW），氮氧化物的体积分数限制为 100 ppm（燃用天然气）、150 ppm（燃用非天然气）。

（4）硫氧化物排放的限制为 110 ng/J（地面燃气轮机输出总能量）、780 ng/J（非地面燃气轮机输出总能量）。

工业 RB211 燃气轮机的首要指标是低排放，工业燃气轮机无论是在管道压缩机应用中，还是在工业热电联供装置应用中，在整个工作载荷范围内，在 15% O_2 含量的情况下，NO_x 的排放值要低于 25 ppm，CO 的排放值要低于 10 ppm[82]。

2. 排气污染物产生机理

燃气轮机的污染物与燃烧温度、燃烧时间、燃烧过程的浓度分布相关联。污染物排放特性是在温度较低、喷嘴雾化效果较差的低工况下，由于燃烧不完全，CO 和 UHC 生成多，并随着工况提高逐渐减小；与之相反，NO_x 和烟排放量在低工况排放较少，并随着工况提高逐渐增加。

CO 排放主要是不完全燃烧产生的，主要在以下条件下产生：油气比过小、停留时间过短，主燃区燃烧速率过低造成不完全燃烧；喷嘴雾化不良，导致部分区域油气比过小不能很好地组织燃烧，产生大量的 CO。

UHC 是未发生燃烧的碳氢化合物，一般发生在采用液体燃料（如柴油）时，如果由喷嘴喷出的燃料雾化质量差，在短时间内无法完全燃烧，就会产生 UHC，而燃用天然气的燃烧室，由于没有燃料雾化的过程，一般不考虑 UHC 的产生。

NO_x 是一系列氮氧化物的统称，通常认为，NO_x 共有 3 种生成机理：热力型、快速型和燃料型 NO_x。热力型 NO_x 是火焰高温区空气中的氮和氧发生反应而生成的，热力型 NO_x 仅在温度大于 1 850 K 时生成速率较快，随着温度降低，热力型 NO_x 生成量迅速降低；快速型 NO_x 的机理研究比较有限，目前认为快速型 NO_x 的生成与氰化氢（HCN）的产生有关；燃料型 NO_x 是在燃烧含氮有机物燃料时，燃料中所含的含氮有机物在燃烧过程中产生的。

烟的排放一般由两个过程决定，在主燃区产生烟，在掺混区燃烧消除大部分烟，最终排放的烟是烟形成和烟消除的差值。在主燃区旋流器产生的回流区将高温的燃气带回到喷嘴附近，形成高温、缺氧的局部环境，产生大量的烟；在掺混区，由于新鲜氧气的加入，大部分烟在高温下燃烧生成 CO_2 而消除。

_____

① 1 ppm = 10^{-6}。

3. 排气污染物控制技术

由上面可知,通过抑制各排气污染物的生成能够实现低排放的目的,但是降低不同污染物排放的措施有相互矛盾的因素,因此,燃烧室的设计需要进行折中,保证各排气污染物的排放满足相关标准要求。

CO 和 UHC 都是燃烧不完全的产物,因此降低 CO 和 UHC 排放主要通过提高燃烧效率来实现,主要手段包括:调整油气比、提高燃油雾化质量、延长主燃区停留时间等。

如何降低燃烧室的 NO_x 排放也成为现今的研究热点之一,控制燃烧室排放中 NO_x 的生成,可以通过增加主燃区的空气量、改善燃油雾化和掺混过程、增加主燃区气流速度和缩短燃烧室长度等方法实现。这些降低 NO_x 排放的措施,既适用于对原有发动机的优化改造,也同样适用于新的低排放燃气轮机设计。但是在原型机上改造,势必要采用低污染和其他性能兼顾的折中方案,不可能二者皆佳。故从长远计,要控制燃气轮机排气污染,发展新型燃气轮机技术,设计先进低排放燃烧室是十分有必要的[83]。

降低烟的排放一般通过提高雾化质量、优化回流区来实现。在主燃区旋流器产生的回流区将高温的燃气带回到喷嘴附近,形成高温、缺氧的局部环境,产生大量的烟;在掺混区,由于新鲜氧气的加入,大部分烟在高温下燃烧生成 CO_2 而消除。

限制 NO_x 和 CO 排放物产生的唯一可行方法是控制燃烧温度。有两种可行的技术可以控制温度,即"富油-猝熄-贫油燃烧"和"预混贫油燃烧",二者都避免了近理想配比状态下产生的高温。名词"富"和"贫"表示根据理想配比状态的燃料-空气混合度的大小。理想的低排放燃烧室设计应该能够调整燃烧过程中使用的空气和燃料流量。这样的设计放弃了经济性和可靠性准则。一种折中的办法是把燃烧室分成若干个独立的燃烧级,在任何功率状态下,供到每一级总的空气流量比例是固定的。燃油按照与功率输出要求和燃烧室进口条件的函数关系喷射到每一个分级。这样可以分别调配每一级中燃油和空气反应物的比例,从而控制各个级的燃烧温度,使其在满足排放目标而建立的邻近温度带范围内。级数分得越多,越接近于理想系统,同时改进了预混贫油燃烧工作范围的调节比。但是由于供给燃烧室的空气有限,故可以决定出一个最佳分级数[84]。目前各种干低排放燃烧室的污染物控制原理如下所示。

1) 串列分级燃烧室

串列(轴向)分级燃烧技术不改变空气的分配比,而是调节从一个区到另一个区的燃料分配,从而维持一个相对恒定的燃烧温度,并将慢车和高状态分开,以实现降低发动机总排放量的目的。它是将一部分燃料喷到相当于常规燃烧室的第一区,其他的燃烧区先与空气混合,再喷入下游的主燃烧区,该区在低当量比下工作,

以使 NO_x 排放量最低,第一燃烧区在发动机起动至慢车工况下燃烧。在大功率时,第二燃烧区开始工作。其优点如下所示。

（1）主级在预混级的下游,直接在预燃级点火,快速可靠。

（2）预燃级的热燃气进入主燃烧区,确保主燃烧区燃烧效率高,在低当量比下也是如此。

（3）燃烧室出口径向温度剖面可发展到一个满意水平,并且一旦发展到就不再变化。

2）并列分级燃烧室

并列（径向）分级燃烧技术不改变空气的分配比,而是调节从一个区到另一个区的燃料分配,它采用双环形燃烧室,一个外燃烧室按小载荷设计,以提供起动、点火和慢车工况下所需的温升,在慢车工况下选择使 CO 和 UHC 排放量最少的燃烧区当量比;其他燃烧室按大载荷设计,有一个小的高载荷燃烧区,驻留时间短,当量比小,使 NO_x 排放值低。其优点如下所示。

（1）在与常规燃烧室长度相当的情况下,可实现包括低排放的所有性能目标。

（2）火焰筒的长度、高度比合理。

（3）长度短、重量轻。

（4）允许径向安排内外级燃烧室头部,使两级燃料喷嘴安装在一个燃料杆上,从而可用连续预燃燃料流冷却主级燃料喷嘴,达到防积碳目的。

3）贫油预混预蒸发燃烧室

贫油预混预蒸发燃烧室是将完全同质的燃料、空气混合物供到燃烧区,然后在非常接近贫油熄火极限的当量比下工作。稳定燃烧和火焰熄火的裕度越小,产生的 NO_x 就越少。它分为 3 个区,第 1 个区进行燃料喷射、燃料蒸发和燃料与空气混合,以在燃烧前完成燃料的充分蒸发和混合。第 2 区是建立一个或多个回流区稳定火焰,并且燃烧;第 3 个区是一个常规的稀释区。其优点如下所示。

（1）不存在积碳。

（2）大大减少由于辐射传到火焰筒壁的热量,减少了冷却火焰筒壁所需的空气量,从而可用更多的空气降低燃烧区温度和改善燃烧室分布因子。

（3）火焰温度始终高于 1 900 K,NO_x 的排放量不受驻留时间的影响,可以设计长驻留时间。

4）富油-快速猝熄-贫油燃烧室

该型燃烧室实际上是一种特殊的分级燃烧室,其前面为一个富油燃烧级,中间为一个快速猝熄燃烧级,后面为一个贫油燃烧级。在富油燃烧级控制燃料空气比,通常控制在 1.2~1.6 的当量比内,通过降低火焰温度和氧气量,降低 NO_x 和 CO 等的排放量。在快速猝熄燃烧级,通过引入大量的空气完成由富油级向贫油级的瞬间过渡,同时防止出现接近理想当量比的高 NO_x 形成区。在贫油燃烧级,选择满足所有排放物要求的当量比(典型的工作当量比为 0.5~0.7),以控制燃烧温度,使 NO_x、CO 和 UHC 的排放量都减少。

3.9　LM2500 系列燃气轮机设计案例分析

LM2500 燃气轮机是由通用电气公司的 TF39/CF6 航空涡扇发动机改进研制的简单循环双转子轴流式燃气轮机,现已发展了 LM2500、LM2500+、LM2500+G4 等一系列型号,涵盖了 25~35 MW 的功率等级。LM2500 燃气轮机与 TF39/CF6 发动机结构比较如图 3.46 所示。

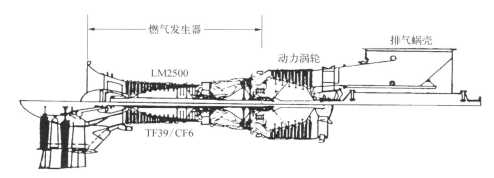

图 3.46　LM2500 燃气轮机与 TF39/CF6 发动机结构比较

燃气轮机通过较高的部件效率、较高的压比、较低的气冷涡轮合金温度来提高涡轮进口温度,减少冷却和泄漏空气流量,从而达到了提高循环效率的目的。利用航空发动机的先进技术,改善了燃气轮机运行的经济性,提高了可靠性和可维护性,增大了功率系数,延长了寿命。

燃气轮机从 1967 年开始研制,1970 年第 1 台生产型开始运转并投入试用。1994 年,通用电气公司舰船和工业发动机分公司开始研制 LM2500+燃气轮机,1997 年首台交付。2004 年 9 月,通用电气公司启动了 LM2500+G4 燃气轮机的项目,2005 年第 4 季度,LM2500+G4 燃气轮机达到了预期的性能指标。

以下主要介绍 LM2500 燃气轮机的结构和发展过程中所进行的改进,以及在发展过程中两次升级较大的 LM2500+和 LM2500+G4 燃气轮机的结构特点。

1. LM2500 燃气轮机最初型结构

LM2500 燃气轮机由 1 台燃气发生器和 1 台动力涡轮组成。燃气发生器由压气机、环形燃烧室、高压涡轮、附件传动齿轮箱、控制器和附件等组成。动力涡轮为 6 级或 2 级,与燃气发生器保持气动连接,由燃气发生器排出的燃气驱动。图 3.47 和图 3.48 给出了 LM2500 燃气发生器的剖视图与部件图。

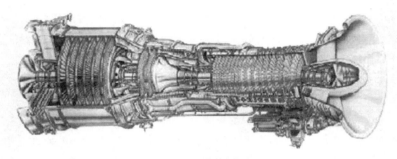

图 3.47　LM2500 燃气发生器的剖视图

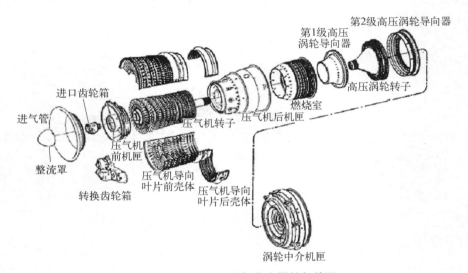

图 3.48　LM2500 燃气发生器的部件图

1）进气道

进气道由喇叭口和整流锥组成。喇叭口内装有 1 个清洗液喷射总管,它可将清洗液喷进压气机,以去掉压气机上的污垢。在燃气发生器冷运转状态下清洗压气机。

2）压气机

压气机为 16 级轴流式,继承 CF6 发动机高压压气机,略做适应性修改,如图 3.49 所示,压比为 17~18,空气流量为 68.9~74.4 kg/s,设计转速为 9 150 r/min。进口导向叶片和前 5 级静子叶片可调,由燃油压力控制,燃油压力是压气机换算转速的函数。根据用户需要可以从压气机中抽出一些压缩空气用于燃气轮机冷却,转子和静子叶片由钛合金与镍基合金制成。压气机前后机匣材料为 M－152 钢,第 1~14 级转子叶片和第 1~2 级静子叶片及轮盘由 Ti－6Al－4V 制成,第 15~16 级转子叶片和第 3~16 级静子叶片的材料为 A286,第 11~13 级轴和排气机匣材料为 In718。压气机前、后机匣的材料分别为 17－4PH 和 In718。

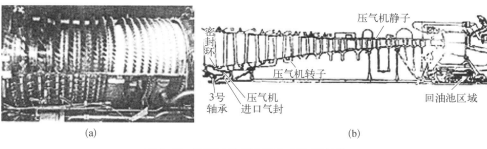

(a)　　　　　　　　　　　　　　(b)

图 3.49　LM2500 压气机和压气机结构

3）燃烧室

燃烧室为环形,继承 CF6 发动机,并做燃料适应性改进,如图 3.50 所示[85]。它由整流罩组件、火焰筒头部、火焰筒内壁和外壁组成。整流罩组件与压气机后机匣一起构成压气机排气的扩压器和火焰筒进气分配器,在宽广的工作范围内,为燃

图 3.50　LM2500 环形燃烧室

烧室提供均匀的气流,从而保证燃烧均匀及涡轮进口温度均匀分布。30 个独立的旋流器内安装燃油喷嘴,旋流器可从外部更换。火焰筒壁通过小孔引来空气进行气膜冷却,材料为 Hastelloy X 和 Haynes 188。过渡段由 In718、Rene41 和 Hastelloy X 制成。点火系统由 2 个将 15 V、60 Hz 的电源转换成高电压的点火装置、2 根高压导线和 2 个点火器组成。点火系统只在起动时使用,当达到慢车工况转速的,点火系统停止工作。

4）高压涡轮

高压涡轮为 2 级轴流式,继承 CF6 发动机。它由转子、导向器和中介机匣组成。图 3.51 给出了高压涡轮转子和第 1 级高压涡轮壳体。高压涡轮转子叶片通过压气机引气来冷却,冷却空气从涡轮叶片的枞树形榫头和叶柄进入涡轮叶片。第 1 级叶片采用对流、冲击和气膜冷却;第 2 级叶片采用对流冷却,在叶片中心区,气流流过迷宫式的结构冷却叶身,最后冷却空气全部从叶尖排出。2 级涡轮导向叶片采用对流、冲击和气膜冷却,表面涂有防氧化和耐腐蚀涂层。2 级涡轮转子叶片和第 2 级导向叶片采用 Rene80 精密铸造,第 1 级导向叶片材料为 X－40,机匣材料为 In718、Rene41、Hastelloy X 和 Haynes188。涡轮中介机匣用螺栓安装在压气机后机匣后安装边和动力涡轮静子前安装边之间,是支承燃气发生器转子后端和动力涡轮前端的主要部件,为来自高压涡轮的燃气进入动力涡轮提供平滑的扩压流路。

(a)　　　　　　　　(b)

图 3.51　高压涡轮转子和第 1 级高压涡轮壳体

5）动力涡轮

动力涡轮为 6 级轴流式,是由 TF39 发动机的低压涡轮衍生而来的,如图 3.52 所示。它由 6 个盘和整体的隔环组成,所有 6 级转子叶片都有互锁式的叶冠,以降低振动水平,并通过燕尾榫头与盘的燕尾槽相配合。卡在轮盘隔圈间的可更换的旋转密封圈与导向器固定密封圈相啮合,以防止过多的燃气从级间泄漏,动力涡轮静子由 2 个对开的机匣、第 2~6 级涡轮导向器和 6 级转子叶片叶冠对应的密封环组成(第 1 级导向器属于涡轮中框架组件)。第 2 级和第 3 级导向器的每 6 个导向叶片焊成 1 个扇形段;第 4~6 级导向器,最初是 2 片导向叶片焊成 1 个扇形段,后来改为 6 片焊成 1 个扇形段。第 1~3 级导向叶片是由 Rene77 精密铸造的,第 4~6 级导向叶片的材料为 Rene41,机匣材料为 In718,转子叶片为 Rene77,盘为 In718。

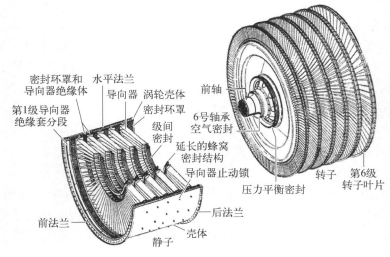

图 3.52　LM2500 动力涡轮

涡轮后框架构成动力涡轮排气流道,并支承着动力涡轮后端和挠性联轴器的前端。它同时还包括 1 个 No. 7 球轴承和 1 个 No. 7 滚棒轴承的轴承座[86]。

6)附件传动装置

位于压气机前机匣处,主要由输入齿轮箱、径向传动轴和传动齿轮箱等部件组成。输入齿轮箱装置由铸铝壳体、轴、一对圆锥齿轮、轴承及滑油喷嘴等构成。径向传动轴是空心轴,轴的两端用花键分别与输入齿轮箱及转换齿轮箱内圆锥齿轮的轴心套齿相连接,将功率由输入齿轮箱传至转换齿轮箱的前部。

转换齿轮箱则由 2 个铝制壳体、1 个油气分离器、齿轮、轴承、密封件、滑油喷嘴及附件连接器组成。壳体底部都有个入口盖,为径向传动轴的安装提供了方便。在后面部分的所有附件连接器和惰轮,均采用"插入式"套齿结构,齿轮、轴承、密封件、连接器组件等进行拆卸或更换时,就不用对齿轮箱进行分解。安装在转换齿轮箱上的附件包括:燃气轮机起动机、滑油供油泵和回油泵、燃油泵、主燃油控制器。油气分离器安装在转化齿轮箱前部,并作为齿轮箱的一部分存在。

7)燃油和燃油控制系统

燃油系统通过调节和分配喷射到燃烧室中的燃油数量,可以控制燃气发生器的转速。动力涡轮的转速无法直接控制,但可以根据燃气发生器产生的燃气流能量大小来确定。为了防止动力涡轮超速,由安装在电子控制箱中的电子超速开关来保护,当动力涡轮转速偏高时,自动减少燃烧室供油量,以保证动力涡轮的安全。

燃油控制系统是机械-液压式的,并使用燃油作为伺服液。控制器是旁通式的,过量的燃油通过旁通阀返回到高压泵前。旁通阀通过燃油调节阀使流量与主阀的开度成正比,从而保持一定的压差。在加速和减速期间,控制器感受燃气发生器的转速、压气机出口压力、压气机进口温度,并按规定的程序使稳态和瞬态下的燃油流量保持在设定转速下的流量,从而防止超温和失速。燃油控制器也能调节压气机可调静子叶片,具体按它与燃气发生器转速和压气机进气温度的函数关系来调节,从而在各种工作转速下保持压气机的效率和失速裕度。燃油和功率控制系统由 Woodward Governer 公司提供,发电和工业用燃气轮机的控制系统是通用电气公司生产的 Speed Tronic Mark IV 控制系统。

8)滑油系统

滑油系统就是燃气发生器和动力涡轮一体化设计的润滑、冷却系统,由轴转动的容积式(正排量式)供油泵、5 个独立的回油泵、分配管路系统和 1 套滑油喷嘴构成。该系统包括了滑油供油、滑油回油及回油池通风等 3 个分系统。密封采用空气增压的迷宫式密封,以防止泄漏。

滑油从储油箱里靠重力供给安装在主机上的滑油供油-回油泵,滑油泵的供油部分将流入的滑油加压,输送到要求润滑、冷却的部件和区域。滑油供油的过滤由安装在箱装体内的双联式滑油过滤器来保证,供油管路末端的滑油喷嘴直接将滑油喷进轴承、齿轮和花键等部位进行润滑、冷却。经过使用的滑油流到 4 个回油池和转换齿轮箱底部,分别被回油泵抽出,返回滑油储存、调节油箱,并进行冷却。回油的过滤由安装在滑油箱上的双联式滑油过滤器来保证。

9）排气装置

排气装置为蜗壳式,从动力涡轮后的环形通道,经由内、外壁转换成单通道的扩压通路。这个扩压段在排气管内于 90°转弯之前,回收一部分动力涡轮的排气动能。内扩压管板可以向外装拆,为通向挠性联轴器提供出入口。排气蜗壳单独地由燃气轮机的底座结构支承,并采用活塞式膨胀接头,以适应涡轮后框架和排气管之间的热膨胀。

10）起动系统

采用具有液压油马达起动机和空气涡轮起动机的双动力源起动系统,但由于舰船上的高压空气获取比较方便,所以大多选择空气涡轮起动机。该机由进气装置、涡轮装置、减速齿轮、切断开关、超速离合器及花键输出轴组成。其中涡轮为单级轴流式涡轮,减速齿轮为带有 1 个转动齿环的复合式行星齿轮系统,超速离合器为棘爪-棘轮式,在起动期间可以保证可靠接合,而主机起动后,能保证起动机的顺利脱开。

11）箱装体

箱装体是最早采用箱装体结构的舰船燃气轮机之一,见图 3.53。其箱装体长约 8 m,宽约 2.7 m,高约 3.1 m。其中,底座是燃气轮机和箱装体的支承基础,通过

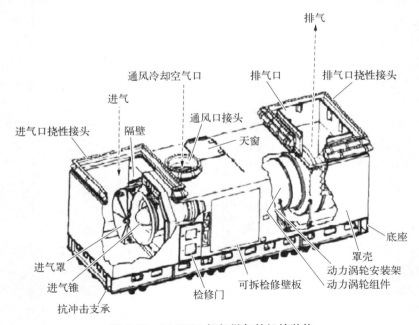

图 3.53　LM2500 舰船燃气轮机箱装体

32 个抗冲击的隔振器安装到舰体机座结构上,底座上设置有燃气轮机支承、蜗壳支承、箱体及间壁。底座上还设置有密封的贯穿孔,用以安装抽气管、燃油管、滑油管、控制电缆、仪表电缆、清洗水管、动力电缆、起动空气管、灭火剂输送管,以及残油、残水的排放管。此外,还有燃油溢流阀、滑油过滤器及各种接头、插座等附件。

　　箱装体顶部设置有燃气轮机空气进口、通风冷却空气口及燃气轮机排气口,各通过 1 个挠性接头与舰船结构相连。在空气进口处有 1 组永久性的导轨,通过另外 1 组临时安装的导轨,可以将从底座脱开的燃气轮机移动到进气口的导轨处。此时移动到进气口处的起吊装置将协助主起吊装置把燃气轮机从导轨拉出,从而吊出舰船外。箱体上有检修门、天窗等开口。箱体本身为带夹层和填料的多层隔音结构。从箱体内传出的气动和机械噪声都很低,当燃气轮机工作时,在箱体外可进行正常交谈。

　　2. LM2500+G4 燃气轮机

　　2004 年 9 月,通用电气公司启动了 LM2500+G4 燃气轮机项目。2005 年第 4 季度,实现了预期的可用性。在标准条件下,其额定轴输出功率可达到 34.3 MW,热效率为 39.3%。

　　图 3.54 是 LM2500+G4 燃气轮机整机图,图 3.55 给出了配装 2 级高速动力涡轮的 PGT25+G4 燃气轮机简图,图 3.56 则给出了 LM2500+G4 燃气轮机及舰船箱装体示意图[87]。

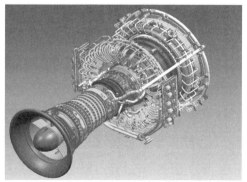

图 3.54　LM2500+G4 燃气轮机整机图　　　　图 3.55　PGT25+G4 燃气轮机简图

　　从本质上说,LM2500+G4 燃气轮机就是增大了高压压气机、高压涡轮和动力涡轮质量流量的 LM2500+燃气轮机,总压比从 23.6 提高到 24.2。通过增大空气流量、改进材料和增大内部冷却提高了功率,而压气机和涡轮级的数量、绝大部分叶型和燃烧室的设计都基本上未做改变,与 LM2500+燃气轮机的设计相同。从 LM2500+到 LM2500+G4 所做的设计改进如表 3.4 所示。

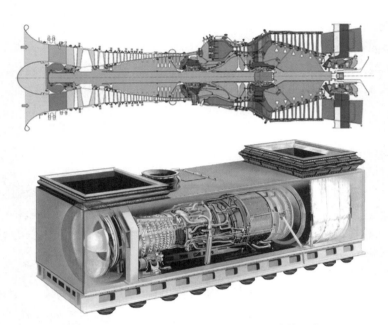

图 3.56　LM2500+G4 燃气轮机及舰船箱装体示意图

表 3.4　LM2500+G4 燃气轮机相对 LM2500+的设计改进

改　型　举　措	目　　　的
采用新型可调静子叶片方案	增大压气机流量
重新设计进口静子叶片和 2 级压气机转子叶片	增大压气机流量
2 级压气机盘采用新材料	延长压气机寿命
改变压气机放气密封口的尺寸	为获得较大的功率和流量而调整推力平衡
改进冷却气流通道	用更低温度的空气来冷却高压涡轮部件
增大高压涡轮 1 级静子流通面积	增大通过高压涡轮的空气流量
改进高压涡轮叶型材料	延长热端部件寿命或者允许更高的涡轮进口温度
增大动力涡轮静子叶片流通面积	增大动力涡轮空气流量

　　因为设计更改非常有限,所以能够保证 LM2500+G4 燃气轮机与 LM2500+燃气轮机具有相同的效率、可靠性、可用性、排放标准和维护周期,而所做的改进也是结合经过验证的技术和基于大量成功的通用性部件完成的,所以同样具有显著的高可靠性。

　　1）压气机

　　压气机为 17 级轴流式(图 3.57),进口静子叶片和前 7 级静子叶片可调,保证燃气轮机整个运行范围的喘振裕度。为增大进口空气流量,改进设计了部分转子叶片和静子叶片。改进"零"级转子整体叶盘的叶片扭角,以适应增加的空气流量;重新设计了进口静子叶片,并对前两级压气机转子叶片进行了微调。

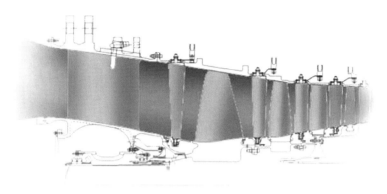

图 3.57　LM2500+G4 轴流压气机气流通道

2）燃烧室

为了满足减少 NO_x 排放的要求，优化了 LM2500+G4 DLE 燃烧系统（图 3.58），且采用了 LM6000 燃气轮机排放低于 15 ppm 的 DLE 技术。

通过削减 A 型和 C 型环热挡板，将燃烧室升级为带有 B 型环、无翼热挡板的

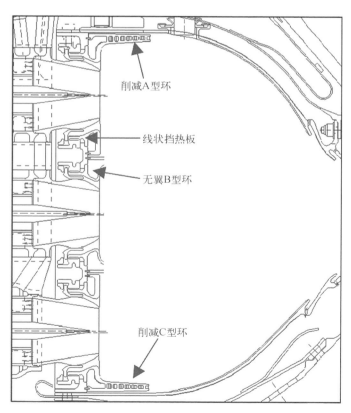

削减A型环

线状挡热板

无翼B型环

削减C型环

图 3.58　LM2500+G4 DLE 燃烧系统

形式,并且通过拆卸热挡板内的螺栓,允许在现场更换燃烧室,从而缩短整体燃烧室维护周期。

为保持 NO_x 排放水平与 LM2500+燃气轮机的相同,将燃料调节系统的燃料调节活门升级为 5 个。

3)涡轮

高压涡轮(图 3.59)按照以改进转子叶片冷却量最少的原则,以保留原有结构的优越性能,并应用最新验证的航空发动机材料,为涡轮提供更强的温度承受能力。

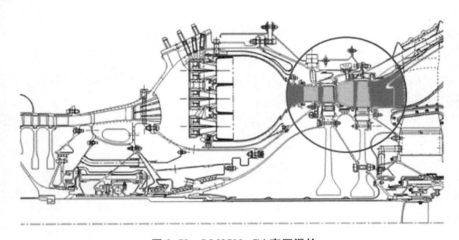

图 3.59　LM2500+G4 高压涡轮

特别是在 2 级全空气冷却的高压涡轮内,为满足 LM2500+G4 燃气轮机更大的空气流量需求,优化了第 1 级和第 2 级的转子叶片叶型。还小幅地改善了冷却,改进了热密封设计,使用了最新的 CF6-80E 航空发动机样式的密封体。

增大第 1 级高压涡轮导向叶片喉道面积,且改善了冷却性能,以获得更大的空气流量和避免相关潜在的空气力学方面的问题;修改 1 级高压涡轮转子叶片的安装角,以改善转子的轴向力平衡;改变 2 级静子叶片的材料,以提高其抗氧化性能[88]。

4)动力涡轮

可以配装 2 种动力涡轮,分别为 2 级 6 100 r/min 的高速动力涡轮和 6 级 3 600 r/min 的低速动力涡轮。

配装 2 级高速动力涡轮(图 3.60)的 LM2500+G4 机组称为 PGT25+G4。为了使设计简单化,动力涡轮采用悬臂转子设计。

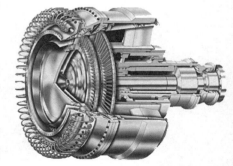

图 3.60　LM2500+G4 2 级高速动力涡轮

HSPT/G4 是在经过验证的 PGT25+燃气发生器的技术基础上发展而来的,并且增强了外部框架的冷却;其大部分硬件与 PGT25+高速动力涡轮的相同,如框架结构、轴承、润滑系统和材料,所以,HSPT/G4 也同样具有相同的可靠性、可用性和可维护性。为保持与现有的 PGT25+燃气轮机具有最大相似性,总的体系结构和燃气通道也保持不变。

其结构上的主要改进包括以下 4 个方面。

（1）第 1 级静子叶片:扇形外缘板开大喉道面积,流量函数提高 3%;使用新铸件。

（2）第 1 级转子叶片:无空气动力学改变;材料由 IN738 合金改为 GT111 定向凝固合金,以延长蠕变寿命;改进优化外部及叶根缘板整流片。

（3）机匣:增加额外的冷却管路,空气来自压气机第 9 级放气;嵌入热挡板。

（4）外部过渡进气道:材料改为 Haynes 230 合金。

第4章
燃气轮机通用质量特性设计

在燃气轮机设计使用过程中所体现的可靠性、维修性、保障性、测试性、安全性和环境适应性(简称通用质量特性)是衡量燃气轮机效能的重要指标,与燃气轮机的性能指标(简称专用质量特性)具有同等重要的地位。

随着现代燃气轮机装置朝着综合化、系统化的方向发展,其复杂程度日益提高,只考虑专用质量特性的传统设计理念已无法满足快速发展的燃气轮机装置对质量的要求。要减少燃气轮机的故障发生率,提高其使用寿命,降低维修成本,就必须在其设计、制造和使用等各阶段将包含可靠性、维修性、保障性、测试性、安全性在内的通用质量特性考虑进去。

4.1 可靠性设计

4.1.1 基本理论

可靠性是指产品在规定的条件下和规定的时间内完成规定功能的能力。可靠性的概率度量也称为可靠度。耐久性是产品在规定的使用和维修条件下,其使用寿命的一种度量,它是可靠性的另一种特殊情况。

钱学森说:"产品的可靠性是设计出来的、生产出来的、管理出来的。"也就是说产品的可靠性既需要可靠性技术活动,也需要可靠性管理活动来保证。

可靠性工程是指为了达到产品可靠性要求而进行的有关设计、试验和生产等一系列工作。它是适应武器装备和民用产品的需要而发展起来的。科学技术突飞猛进,产品越来越复杂,使用环境日益严酷,使用维修费用不断增长,这些都促使人们认真探索、深入研究可靠性问题[89]。

可靠性工作的重点如下所示。

(1)明确了解用户对产品可靠性的要求,产品使用、维修、储存期间的自然环境及保证产品能很好地完成任务的保障资源。

(2)控制由于产品硬件、软件和人的因素造成对产品可靠性的影响。避免选择不恰当的元器件和原材料等设计缺陷及减少生产过程中的工艺波动等。

（3）控制结构件在载荷条件发生变化时确保系统稳定工作的能力。

（4）采用可靠性增长技术使优良的设计成熟起来。

（5）采用规范化的工程途径开展有效的可靠性工程活动。

可靠性要求是进行可靠性设计、分析、制造和验收的依据。正确、科学地确定各项可靠性要求是一项重要而复杂的系统工程工作。设计、生产、管理人员只有在透彻地了解这些要求后，才能将可靠性正确地融入产品设计、生产中，方能按要求有计划地实施有关的组织、监督和控制工作。

可靠性要求可以分为两大类。第一类是定性要求，即用一种非量化的形式来设计、评价以保证产品的可靠性。第二类是定量要求，即规定产品的可靠性参数、指标和相应的验证方法。

确定要求时首先应进行需要与可能的权衡分析，使用户提出的要求既符合客观使用需求，又与当前我国的技术水平、研制经费及进度等条件相协调，从而使这些要求是可以达到的而不是高不可攀的、是明确的而不是含混的、是可以检验和验收的而不是无法验证的[90]。

1）定性设计要求

按照我国当前航空发动机和航改燃气轮机设计水平，主要的定性设计要求可参见表 4.1。

表 4.1　可靠性定性设计要求项目表

序号	要求项目名称	目　　的
1	制定和贯彻可靠性设计准则	将可靠性要求及使用中的约束条件转换为设计边界条件，给设计人员规定了专门的技术要求和设计原则，以提高产品可靠性
2	简化设计	减少产品的复杂性，提高其基本可靠性
3	余度设计	用多于一种的途径来完成规定的功能，以提高产品的任务可靠性和安全性
4	降额设计	通过降低元器件、零部件承受的环境应力，使其使用应力低于设计额定应力，提高产品的可靠性
5	确定关键件和重要件	把有限的资源用于提高关键产品的可靠性
6	环境防护设计	选择能抵消环境作用或影响的设计方案和材料，或提出一些能改变环境的方案，或把环境应力控制在可接受的极限范围内
7	热设计	通过元器件选择、电路设计、结构设计、布局来减少温度对产品可靠性的影响，使产品能在较宽的温度范围内可靠工作
8	软件可靠性设计	通过贯彻执行软件工程规范来提高软件的可靠性
9	包装、装卸、运输、储存等对可靠性的影响	通过对产品在包装、装卸、运输、储存期间性能变化情况的分析，确定应采取的保护措施，从而提高可靠性

2）定量要求

可靠性定量要求是选择和确定装备的可靠性参数、指标及验证时机和验证方法,以便在设计、生产、试验验证、使用过程中用量化方法来评价或验证装备的可靠性水平。

航改燃气轮机可靠性参数和指标的确定,一般根据《装备可靠性维修性保障性要求论证》(GJB 1909A - 2009)的有关规定来执行,图 4.1 给出了舰船装备可靠性及相关指标参数的关联关系[91]。舰船航改燃气轮机应在"设备参数"中选择相应的可靠性参数,通常需要规定任务可靠性参数(平均严重故障间隔时间(mean time between critical failures,MTBCF))和基本可靠性参数(平均故障间隔时间(mean time between failures,MTBF))。

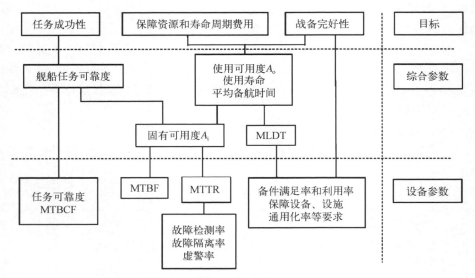

图 4.1　舰船装备可靠性、维修性和保障性参数相互关系

(1) 平均严重故障间隔时间。平均严重故障间隔时间是与任务有关的一种可靠性参数。其度量方法为在规定的一系列任务剖面中,产品任务总时间与严重故障总数之比。平均严重故障间隔时间的计算公式为

$$T_{BCF} = \frac{T_{OM}}{N_{TM}} \tag{4.1}$$

式中,T_{OM} 为任务总时间,对于航改燃气轮机可以将累积工作时间作为任务总时间;N_{TM} 为严重故障总数,严重故障的判断准则应在指标论证时明确。

(2) 平均故障间隔时间。平均故障间隔时间是可修复产品可靠性的一种基本参数,是指产品在相邻故障间的平均工作时间。其度量方法为在规定的条件下和规定的时间内,产品的总寿命单位与故障总次数之比。总寿命单位指燃气轮机作为动力时总工作时间或总行驶里程等,航改燃气轮机的总寿命单位通常采用燃气

轮机工作时间。平均故障间隔时间的计算公式为

$$T_{BF} = \frac{T_0}{N_T}$$　　　　　　　　（4.2）

式中,T_0 为燃气轮机累积工作时间;N_T 为在 T_0 期间发生的关联故障数。

对于不可修产品,相应的可靠性参数为平均故障前时间(mean time to failure, MTTF)。航改燃气轮机整体属于可修复产品,航改燃气轮机下属配套的主机结构和辅机件,根据设计结果可区分可修产品和不可修产品。

4.1.2　可靠性模型

1. 可靠性模型的种类

为预计或估算产品的可靠性所建立的框图和数学模型称作可靠性模型[92]。

对于复杂产品的一个或一个以上的功能模式,用方框表示的各组成部分的故障或它们的组合如何导致产品故障的逻辑图称作可靠性框图。

1)串联模型

产品的可靠性框图中任一单元故障,都将导致产品故障的可靠性模型称作串联模型。

(1)串联模型的框图表示法。产品中每一个单元用一个方框表示,方框中可填写单元的名称,也可用该单元的代码填入。方框之间用横线连接。方框的顺序一般按产品工作模式的先后,但也不是绝对的,如在建模时漏了某个单元,可以在后面直接加上。串联模型可靠性框图如图 4.2 所示。

图 4.2　串联模型可靠性框图

(2)串联模型的可靠度(数学模型)。各单元故障互相独立时,产品的可靠度为

$$R_s = \prod_{i=1}^{n} R_i$$　　　　　　　　（4.3）

式中,R_s 为产品的可靠度;R_i 为第 i 个单元的可靠度;n 为串联单元的总数。

单元可靠性是时间 t 的函数,则有

$$R_s(t) = \prod_{i=1}^{n} R_i(t)$$　　　　　　　　（4.4）

若所有单元的寿命都服从指数分布,则

$$R_s(t) = \prod_{i=1}^{n} e^{-\lambda_i t} = e^{-\sum_{i=1}^{n} \lambda_i t} = e^{-\lambda_s t} \quad\quad (4.5)$$

其中，

$$\lambda_s = \sum_{i=1}^{n} \lambda_i \quad\quad (4.6)$$

式中，λ_i 为第 i 个单元的故障率；λ_s 为产品的故障率。

这说明由寿命服从指数分布的单元串联组成的产品，其寿命仍然服从指数分布，产品的故障率等于各单元故障率之和。

在串联产品可靠性模型中，如果单元寿命不服从指数分布时，则有

$$R_s(t) = \prod_{i=1}^{n} \exp\left[-\int_0^t \lambda_i(t)\,\mathrm{d}t\right] = \exp\left\{-\int_0^t \left[\sum_{i=1}^{n} \lambda_i(t)\,\mathrm{d}t\right]\right\} \quad\quad (4.7)$$

式中，$\lambda_i(t)$ 为第 i 个单元随时间变化的瞬时故障率。

由上述结果可见，为了提高由单元串联组成的产品的可靠性，可采取下列措施：

① 提高每个单元可靠性，即减少其故障率；

② 进行简化设计，尽量地减少单元数量。

（3）串联模型的用途。串联模型主要用于研究各种产品的基本可靠性；研究产品任务可靠性框图为串联时的任务可靠性。

2）储备模型

当产品采用串联模型设计不能满足任务可靠性要求时，一般应采用储备模型设计。储备模型又分工作储备（即产品的所有单元都处于工作状态）和非工作储备（产品工作时，其中某些单元不工作，只有当产品中一些单元发生了故障时，不工作的单元才工作）两类。储备模型设计保证了产品某些单元发生故障时，产品仍然能完成规定的功能。

下面介绍几种典型的储备模型。

（1）简单并联模型。组成产品的所有单元都发生故障时，产品才产生故障，称作简单并联。简单并联可靠性框图如图 4.3 所示。

其数学模型为

$$R_{\mathrm{MS}} = R_1 + (1 - R_1)R_2 + \cdots + (1 - R_1)$$
$$\quad\quad + \cdots + (1 - R_{n-1})R_n$$

或

$$R_{\mathrm{MS}} = 1 - (1 - R_1)(1 - R_2)\cdots(1 - R_n)$$

（4.8）

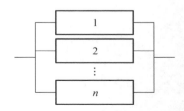

图 4.3　简单并联可靠性框图

式中，R_{MS} 为产品的可靠度；R_i 为第 i 个单元的可靠度。

（2）串并联模型。产品的可靠性框图由 $n \times N$ 个单元组成，n 个单元为一组串联，共 N 组，再将 N 组并联起来，如图 4.4 所示。

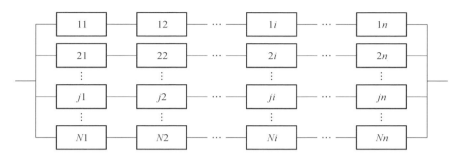

图 4.4　串并联可靠性框图

其数学模型为

$$R_{MS} = 1 - \prod_{j=1}^{N} \left(1 - \prod_{i=1}^{n} R_{ji} \right) \qquad (4.9)$$

式中，R_{MS} 为产品的可靠度；R_{ji} 为第 ji 个单元的可靠度。

（3）并串联模型。产品的可靠性框图由 $n \times N$ 个单元组成，N 个单元为一组并联，共 n 组，再将 n 组串联起来，如图 4.5 所示。

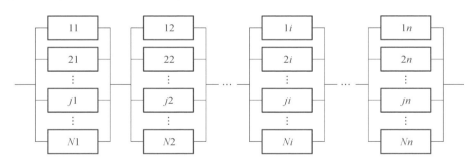

图 4.5　并串联的可靠性框图

其数学模型为

$$R_{MS} = \prod_{i=1}^{n} \left[1 - \prod_{j=1}^{N} \left(1 - R_{ji} \right) \right] \qquad (4.10)$$

式中，R_{MS} 为产品的可靠度；R_{ji} 为第 ji 个单元的可靠度。

（4）表决模型（n 中取 k）。产品中有 n 个单元并联连接，但 n 个单元中必须有 k 个或 k 个以上单元正常工作，产品才能正常工作。表决型可靠性框图如图 4.6

所示。

在各单元的可靠度 R_i 相同时,产品的可靠度数学模型为(设表决器可靠度为 1)

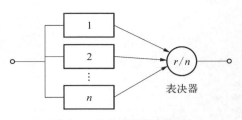

图 4.6　表决型可靠性框图

$$R_{MS} = \sum_{i=k}^{n} C_n^i R_i (1 - R_i)^{n-i} \quad (4.11)$$

式中,R_{MS} 为产品的可靠度;R_i 为每个单元的可靠度。

当各单元寿命服从指数分布且故障率均为 λ 时,则

$$R_{MS}(t) = \sum_{i=k}^{n} C_n^i e^{-i\lambda t} (1 - e^{-\lambda t})^{n-i} \quad (4.12)$$

产品的平均寿命为

$$\theta = \sum_{i=k}^{n} \frac{1}{i\lambda} \quad (4.13)$$

式中,θ 为平均寿命(h);λ 为故障率(1/h)。

上面介绍的简单并联模型、串并联模型、并串联模型及表决模型(n 中取 k)等都是工作储备模型。

3)非工作储备模型

产品由 n 个单元组成,且只有一个单元工作,当工作单元发生故障时,通过故障监测装置及转换装置接到另一个单元工作。非工作储备可靠性框图如图 4.7 所示。

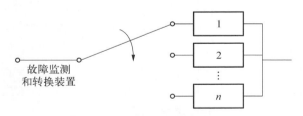

图 4.7　非工作储备可靠性框图

显然也只有当所有单元发生故障时,产品才发生故障。非工作储备分为冷储备和温储备两种,其数学模型如下所示。

(1)冷储备数学模型。冷储备,即冗余部分在储备或等待过程中完全不工作,仅当工作通道产生故障时才起动并接入工作。

假设监测转换装置完全可靠,产品中所有单元的寿命服从指数分布,且各单元的故障率同为常数 λ,则

$$R_{MS}(t) = e^{-\lambda t} \cdot \sum_{i=0}^{n-1} \frac{(\lambda t)^i}{i!} \qquad (4.14)$$

若各单元的故障率 λ_i 互不相同,则

$$R_{MS}(t) = \sum_{k=1}^{n} \left[\prod_{\substack{i=1 \\ i \neq k}}^{n} \left(\frac{\lambda_i}{\lambda_i - \lambda_k} \right) \right] \cdot e^{-\lambda_k t} \qquad (4.15)$$

产品的平均寿命为

$$\theta = \sum_{i=1}^{n} \left(\frac{1}{\lambda_i} \right) \qquad (4.16)$$

若监测转换装置不完全可靠,其寿命服从指数分布,故障率为常数 λ_w。 最简单的二单元冷储备产品的可靠度和平均寿命为

$$\begin{cases} R_{MS(t)} = e^{-\lambda_i t} + \dfrac{\lambda_1}{\lambda_w + \lambda_1 - \lambda_2} \left[e^{-\lambda_2 t} - e^{-(\lambda_w + \lambda_1)t} \right] \\[3mm] \theta = \displaystyle\int_0^\infty R_{MS}(t)\,\mathrm{d}t = \dfrac{1}{\lambda_1} + \dfrac{\lambda_1}{\lambda_2(\lambda_w + \lambda_1)} \end{cases} \qquad (4.17)$$

式中, λ_1、λ_2 分别为工作单元与储备单元的故障率。

（2）温储备数学模型。温储备是指储备单元在等待过程中,虽不工作却一直处于通电状态,以便保证一旦工作通道出现故障就能立即进入工作。

对于简单的二单元产品,设工作单元故障率为常数 λ_1,储备单元在储备过程的故障率为常数 η_2,转入工作后的故障率为常数 λ_2,其寿命均服从指数分布,且假设监测转换装置完全可靠,产品可靠度为

$$R_{MS}(t) = e^{-\lambda_1 t} + \frac{\lambda_1}{\lambda_1 + \eta_2 - \lambda_2} \left[e^{-\lambda_2 t} - e^{-(\lambda_1 + \eta_2)t} \right] \qquad (4.18)$$

产品的平均寿命为

$$\theta = \int_0^\infty R_{MS}(t)\,\mathrm{d}t = \frac{1}{\lambda_1} + \frac{1}{\lambda_2} \left(\frac{\lambda_1}{\lambda_1 + \eta_2} \right) \qquad (4.19)$$

4）多功能产品的模型

一个产品如果能执行两种或两种以上功能时,称这种产品为多功能产品。

多功能产品中如果每个功能在时间上是独立的,即它们或是按时间顺序执行的,或是不同时使用两个或两个以上的功能,就可按单功能产品分别处理。

当产品中有一个单元同时承担几个功能时,就不能按单功能处理。举例说明:

某产品具有两个功能,为了完成任务,两个功能都需要,第一功能需要单元 A 或单元 B 工作,第二个功能需要单元 B 或单元 C 工作。一种多功能产品可靠性框图如图 4.8 所示。

图 4.8   一种多功能产品可靠性框图

假定 $R_A = 0.9$,$R_B = 0.8$,$R_C = 0.7$,则完成功能 1 和功能 2 的任务可靠度分别为

$$R_{M1} = 0.9 + 0.8 - 0.9 \times 0.8 = 0.98$$

$$R_{M2} = 0.8 + 0.7 - 0.8 \times 0.7 = 0.94$$

由于两个功能同时都用了单元 B,则功能 1 与功能 2 互不独立,产品的任务可靠度为

$$R_{MS} \neq R_{M1} \cdot R_{M2} = 0.98 \times 0.94 = 0.921\,2 \tag{4.20}$$

用全概率公式,注意到重复单元 B。 按布尔代数 $B^2 = B$,则产品的任务可靠度为

$$R_{MS} = R_B + (1 - R_B)R_A R_C = R_B + R_A \cdot R_C - R_B R_A R_C$$
$$= 0.8 + 0.9 \times 0.7 - 0.8 \times 0.9 \times 0.7 = 0.926 \tag{4.21}$$

2. 可靠性模型的建立

1）确定产品的分析层次

产品的可靠性框图由方框及方框间的连线构成。每个方框代表产品中的一个单元。每个单元又可以由其组成部分绘制下一层次的可靠性框图,以此类推,如图 4.9 所示。可靠性框图绘到哪个层次必须明确规定。这种层次规定一般与"故障模式及影响分析"的最低单元层次一致,以保证可以相互引用。最低层次的确定还取决于在这个层次上能否提供用于建模的足够信息。

2）绘制产品的可靠性框图

产品的可靠性框图应有标题,标题内容包括产品名称、任务说明、框图类型、产品使用过程的要求等,如标题为"燃气轮机起动装置起动时的任务可靠性框图"。

可靠性框图中的方框按操作过程中事件发生的次序的逻辑顺序排列(基本可靠性框图不做严格要求)。每个方框都应当标明代表产品的哪部分。对含有许多方框的框图应有统一的编码填入每个方框,编码应当保证每个方框对应的硬件不发生混淆,编码要用单独的明细表说明对应关系,或者与产品统一的编码一致。

可靠性框图应当将产品每个功能单元都体现出来,一个方框代表一个功能单

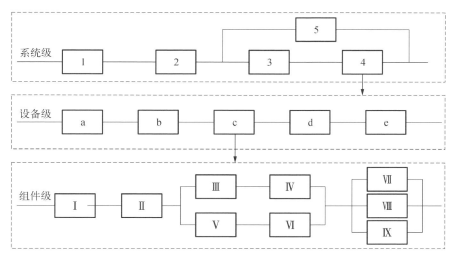

图 4.9　按级展开的可靠性框图

元。基本可靠性框图是把产品的所有单元串联起来;任务可靠性框图按产品执行任务过程中的工作模式进行串联、并联、非工作储备等各种有关方式连接。

产品的可靠性框图应当体现产品的层次,同一层次的框图由同一层次的单元组成,下一层次的框图由上一层次的有关单元分解绘制出来。

3)方框图中的假设

绘制可靠性框图时采用了如下假设。

(1)所有连接方框的连线没有可靠性值,不代表与产品有关的导线或连接器。

(2)每个方框都有可靠性特征值。

(3)产品的所有输入量都在规定的极限范围内。

(4)每个方框代表的单元,其故障是相互独立的;产品只有故障、正常两种状态。

(5)当软件可靠性没有纳入产品可靠性模型时,应假设整个软件是完全可靠的。

(6)当人的可靠性没有纳入产品可靠性模型时,应假设人员完全可靠,而且人与产品之间没有相互作用问题。

除上述 6 条一般假设外,还必须满足具体产品的特定假设。

4)确定可靠性数学模型的方法

根据产品的可靠性框图,用有关的数学方法把产品的可靠性特征值用公式表达出来。这就是可靠性数学模型。

确定可靠性数学模型的方法有多种,下面仅介绍普通概率法。

根据可靠性框图用概率关系式(包括全概率公式)确定可靠性数学模型。单功能产品中的串联模型、储备模型中的简单并联模型、并串联模型、串并联模型、表决模型等的数学模型已在4.1.2节中介绍。对更为复杂的可靠性框图,包括多功能产品的可靠性框图,其数学模型都应当用全概率公式导出。全概率公式为

$$R_{MS} = R_A P_1(若\ X\ 正常工作) + (1 - R_A)P_2(若\ X\ 出现故障) \qquad (4.22)$$

式中,R_{MS} 为产品的任务可靠度;X 为框图中的第 X 个单元;R_A 为单元 X 工作正常的概率;P_1(若 X 工作正常)为在单元 X 工作正常的条件下产品完成任务的条件概率;P_2(若 X 出现故障)为在单元 X 故障的条件下产品完成任务的条件概率。

3. 选择可靠性模型的原则

(1)燃气轮机通常由压气机、燃烧室、涡轮、排气装置、燃油系统、传动润滑系统等部件系统组成,各部件系统的功能无法互相替代,所以燃气轮机是一个串联模型。

(2)只要能满足其任务可靠性和安全性要求,燃气轮机的系统一般也尽量地采用串联模型。若不能满足,如关键系统,一般都采用储备模型。对电子产品来说,多采用工作储备模型;对非电子产品来说,一般采用非工作储备模型。

(3)对于简单并联模型,余度数不宜取得太高,因为随着余度数增加,任务可靠性或安全性增加越来越慢。

(4)在产品的低层次采用余度技术的效果比在高层次采用好。对一个系统来说,组件级采用余度技术比设备级采用余度技术,其任务可靠性提高得更快。

(5)在选择储备模型时要注意是否存在共因故障和相关故障。

采用储备模型可以提高产品的任务可靠性和安全性,但也导致产品的基本可靠性降低,并将增加产品的重量、体积和复杂度,增加产品维修和后勤保障的工作量等。因此设计究竟采用哪种可靠性模型,必须进行综合权衡,而不能仅仅着眼于提高任务可靠性和安全性。

4.1.3   设计分析

1. 可靠性设计一般原则

为了将产品的可靠性要求和规定的约束条件转换为产品设计应遵循的、具体而有效的可靠性技术设计准则,应根据航改燃气轮机产品的类型、特点、任务、要求及其他约束条件,将通用的标准、规范进行剪裁,同时加入已有产品研制的经验,从而形成航改燃气轮机的可靠性设计准则。不仅主机要有设计准则,而且其分系统、配套件等各层次产品也应按总的要求及具体产品特点制定相应的可靠性设计准则,从而将可靠性设计到产品中去。

1）简化设计准则

在满足航改燃气轮机技术要求和产品的功能、性能要求的前提下,应尽量地采用简化设计方案[93]。进行简化设计时,应考虑以下方面。

（1）尽可能地减少产品组成部分的数量及其相互间的连接;所有单元体之间的连接,尽量地采用相同尺寸的自锁螺母、螺栓。

（2）尽可能地实现零组件的标准化、系列化与通用化,控制非标准零组件的比率。

（3）尽可能地减少零组件、元器件的规格、品种和数量。争取用较少的零组件实现多种功能;如果用一种规格的零组件来完成多个功能时,应对所有的功能进行验证,并且在验证合格后才能采用。

（4）要保证进行简化设计后不会给其他部件施加更高的应力或者超常的性能要求。

2）元器件选用与控制

航改燃气轮机选用电子元器件时应确保质量和供应保障能力。元器件的选择及过程控制应符合 GJB 3404 的要求,并满足产品的可靠性要求和使用条件等具体需要[94]。为确保产品满足规定的质量、可靠性要求,应规定电子元器件选用范围,超出范围的应履行审批程序。

3）降额设计

电子产品的可靠性对其电应力较敏感,因而必须进行降额设计。不同类型的电子元器件,各有其最佳的降额范围,在此范围内工作应力的变化对其故障率有较明显的影响,在设计上也较容易实现,并且不会在设备体积、重量和成本方面付出过大的代价。

4）余度设计

对影响使用安全的关键系统应配备应急系统或备份功能,以提高任务可靠性。当系统发生故障影响正常工作时,能自动或人工转入应急系统工作。

5）热设计

热设计就是考虑温度对产品影响的问题。通过元器件的选择、电路设计及结构设计来减少温度变化对产品性能的影响,使产品能在较宽的温度范围内可靠地工作。

6）环境防护设计

产品在储存、运输和工作过程中可能遇到一系列外界环境条件的影响,包括温度、振动、冲击、湿度、盐雾、沙尘、霉菌、腐蚀、噪声、辐射、加速度、燃爆等各类单一或复合的环境条件,这些环境条件对设备的可靠性可能产生有害影响,应在分析确定产品可能遇到的环境条件基础上,采取相应的防护措施以减少或消除这些有害影响来提高产品的使用可靠性。

7）成熟技术设计

在设计产品时,尽量地考虑采用成熟的标准零组件、元器件、材料、工艺及设计技术,既能保证产品可靠性的实现,又能保证在较短的时间内高水平地完成研制任务。

8）抗变异设计

抗变异设计应考虑以下几方面。

（1）设计应采取相应的保护措施,防止电路中瞬变现象及静电放电而造成辅机件损坏。

（2）对关键电路进行参数容差分析,以保证电路性能在全寿命期内符合规定的要求。

（3）为了减少由于元器件参数变化、材料老化等原因造成辅机件的降级,可以采用两种设计方法:控制元器件和材料参数的变化,并在规定的条件下,按规定的时间,将其保持在规定的权限范围内;使所设计的辅机件和系统足以耐受元器件和材料参数的变化,确保辅机件和系统性能在规定范围内。

9）电磁兼容设计

各电气附件的电磁兼容设计应满足航改燃气轮机的电磁兼容设计要求。电磁兼容性控制、电磁干扰的电磁发射和电磁敏感性要求,应按照 GJB 151B 进行电磁发射和敏感度测量[95]。

10）采用单元体设计

对各相同的单元体应保证其互换性,对于高速旋转件的单元体需经严格的预平衡。为了尽量地挖掘每个单元体的寿命潜力,在同一个单元体内各零组件的寿命应尽可能地接近。每个单元体应有独立的定位基准。要求单元体间的连接面可达性良好,连接形式应简单。

设计中应分析功能测试、包装、储存、装卸、运输、维修对产品可靠性的影响。

11）强度设计准则

各零部件应满足规定的寿命要求,并且与维修、维护时间相协调。主要承力零部件应满足规定载荷下的静强度、刚度要求,按型号规范的要求完成强度和寿命试验。

在进行强度、寿命、整机振动分析时,应进行必要的优化设计,同时要对影响燃气轮机的结构参数、尺寸等进行敏度分析,通过分析应给出对加工尺寸、装配、选型等的控制要求,便于加工、装配时进行质量控制。

12）新技术采用准则

尽量采用标准化、系列化设计。在选择设计方案时,应具有继承性,在原有成熟产品的基础上开发、研制新产品。新技术（包括材料、工艺等）的采用应具有良好的预研基础,必须经过充分论证、验证、评审或鉴定。采用的新技术一般不能超过 20%。

13）软件可靠性设计要求

机载软件应符合 GJB/Z 102 的要求,除此之外,还应按照如下要求进行可靠性设计[96]。

（1）采用自顶向下的结构化分析和设计方法,以保证软件功能的完整性、准确性和结构的合理性。

（2）机载软件应尽量地实施标准化设计、统一化设计和简化设计。

（3）采用成熟技术,应尽可能地利用经实际使用验证的可重用的软件部件。

（4）采用避错、查错、改错和容错设计。

（5）提高软件的透明度。包括认真分析和确定软件的接口需求与数据需求,采用显意而简洁的符号或名称来命名程序、模块和数据等,统一定义全局数据,尽可能不使用复杂的数据结构。

（6）严格控制涉及安全的关键模块和接口的设计质量,尽可能地减少涉及安全的关键模块的数量;具有潜在灾难的关键性功能,应至少有两个功能独立的程序来控制;必须防止对软件的非授权和偶然的访问,防止对源程序和目标程序的非授权的与偶然的变更,包括程序的自变更。

2. 结构可靠性设计

近代动力机械结构的工作条件日益恶劣,且其结构形式、加工方法及所用材料均较为复杂,因而对其结构的可靠性设计和评估逐渐受到重视。传统的以安全系数保证可靠性的设计方法,由于没有考虑影响结构强度和应力的很多因素都是存在分散性的事实,没有考虑到安全系数不可能准确地反映出很多设计参数的随机特性,因而这种设计方法显然是很粗糙的,不能完全确保结构的安全与可靠。结构可靠性设计则认为,强度和应力都是随机多值的,并呈一定分布规律。结构是否发生故障,不仅取决于强度和应力的平均值,还取决于两者的离散程度和分布规律。当强度平均值大于应力平均值且两个分布尾部不发生干涉时,结构不会发生故障。但如果两个分布尾部发生干涉,则将出现强度小于应力即不可靠的可能性。可靠性设计法将影响强度和应力的各种因素都作为随机变量,从它们实际存在分散性的事实出发,因而可以克服安全系数法存在的缺点。可靠性设计不仅能够运用概率统计理论算出可靠性的定量指标,而且也可以得到更精确、更合理的结构设计。

1）应力分布和强度分布

为了计算机械结构的可靠度,必须首先确定其应力分布和强度分布。为了确定应力分布和强度分布,则应首先了解应力和强度随机性的来源。

（1）应力和强度均为随机变量。众所周知,应力是引起结构故障的载荷,可以狭义地认为是单位面积所受的外力。强度是抵抗结构产生故障的能力,也可以狭义地认为是单位面积能够承受的最大作用力。在一般情况下,影响机械结构应力的主要因素有所承受的外载荷、结构几何形状及材料物理特性等。影响强度的主要因素有材料机械性能、加工方法和使用环境等。在具体确定其分布时,一些影响因素既可以放在应力分布中考虑,也可以放在强度分布中考虑,但不要重复。应力和强度的随机性是由其影响因素的随机性决定的,这些影响因素的随机性主要表现在以下几方面。

① 载荷。机械结构所承受的载荷大都是不规则、不能重复的随机性载荷,需要用统计法确定。例如,自行车,因人的体重有差别,其载荷就是一个随机变量。在飞机上,影响载荷的因素很复杂,不仅与飞机的载重量有关,而且与飞机本身的重量、飞行速度、飞行状态、气象因素及驾驶员操作技术等有关。因此,不管在任何飞行情况下,飞机所受载荷都是随机变量。

② 几何形状及尺寸。机械结构的形状和尺寸不可能制造得绝对准确,由于制造误差是随机变量,所以结构的形状和尺寸也是随机变量。

③ 材料性能。材料性能数据都是由试验得到的,原始的试验数据都具有离散性。一般所给出的数据为均值或最小值、最大值,目前也有一些材料给出了均值和标准差[97]。

④ 生产条件。原始材料生产中的随机性使材料的物理和机械性能具有差异。毛坯生产过程中会产生形形色色的缺陷和残余应力;热处理过程中很难保持材质均匀一致;机械加工不仅造成几何尺寸的误差,也会导致表面质量的差异,引起一些微观的缺陷或强化;生产过程中的搬运、储存、堆放和装配等也会形成一些随机的缺陷;生产过程中对质量的控制、检验及产品最终检验的差异,都会导致应力和强度的随机性。

⑤ 使用条件。即使完全一样的产品,由于使用条件的不同,也会引起应力和强度的差异;保养维护的好坏也会影响应力和强度的差异。

⑥ 计算条件。计算条件本来不会引起应力和强度真实量的变化,但在设计时对故障和故障概率的估计,常常是通过计算来判断的。由于人们认识的不同,计算结果也有差异。例如,对载荷的估算,为简化计算所做的假设,计算公式的误差,计算方法及工具不同等,都会引起计算结果的差异。这种差异混杂在应力和强度的定量计算结果中,在可靠性设计中也应把它们考虑在内。

（2）影响应力分布的物理参数及几何参数的统计数据。影响应力分布的物理和几何参数较多,而关于这些参数的统计数据却是很缺乏的,这里只介绍几个常用参数的统计数据。在一般条件下,可以认为它们都是正态分布或对数正态分布的。

① 弹性模量 E。从已经发表的少量统计资料中,可以得到部分金属材料弹性模量 E 的统计数据,如表 4.2 所示。表 4.2 中的变异系数 V_E 是 E 的标准离差与其均值之比。

表 4.2　金属材料弹性模量 E 的统计数据

材　　料	均值 $\bar{E}/10^3$ MPa	变异系数 V_E
钢	206	0.08
铸钢	202	0.03
铸铁	118	0.04
球墨铸铁	173	0.04
铝	69	0.03
钛	101	0.09

② 泊松比 v_0。统计数据如表 4.3 所示。从表 4.3 中看出,泊松比的离散程度较小,其变异系数仅为 2%~3%。

表 4.3　泊松比 v_0 的统计数据

材　　料	均值 $\bar{v}$	标准离差 σ_v
AISI 4340	0.287	0.004 8
440C 型不锈钢	0.284	0.004 8
22-13-5 型不锈钢	0.285	0.004 6
耐盐酸镍基合金	0.297	0.003 1
高强度耐蚀镍铜合金	0.320	0.010 7

③ 几何尺寸。在批量生产中每个零件的尺寸会各有不同,所以必须做随机变量处理。一般对小子样的离散程度的量度,用极差比用标准离差更为方便,而且这种方法对于正态分布或适度的偏态分布都是非常有效的。表 4.4 中数据可用来估计标准离差 σ 值。表 4.4 中的极差等于最大尺寸减最小尺寸。

表 4.4　标准离差 σ 的估计值

样 本 容 量	(极差/σ)的近似值
5	2
10	3
25	4
100	5
700	6

通常,机械加工中零件的容许尺寸偏差是用公差表示的。如果现有的与尺寸变异性有关的唯一数据是容许偏差 $\pm\Delta x$,则常常可以利用它来估计标准离差 σ。

当预期的数据能够集中在 $\bar{x} \pm \Delta x$ 的界限内，这个界限便可以用来确定一个大子样的极差。通常,标准离差的近似值为

$$\sigma_x = \frac{(\bar{x} + \Delta x) - (\bar{x} - \Delta x)}{6} = \frac{\Delta x}{3}$$

$$(4.23)$$

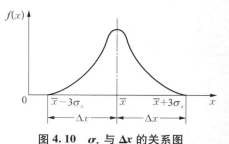

图 4.10 σ_x 与 Δx 的关系图

σ 与 Δx 的关系图如图 4.10 所示。以上关系不仅可以用于确定几何尺寸的标准离差,也可用于确定载荷的标准离差。

2) 应力-强度分布干涉理论和可靠度计算方法

在确定了构件的应力分布和强度分布后,便可对这两个分布加以综合,从而计算出构件的可靠度。接着应当把计算出的可靠度值与规定的可靠度目标值加以比较,如果它大于或等于可靠度目标值,则认为此设计是可以接受的。否则,应对有关设计参数进行调整,直到规定的可靠度目标值得到满足。

(1) 应力-强度分布干涉理论。从应力分布和强度分布的干涉理论出发,可靠度是"强度大于应力的概率",可以表示为

$$R(t) = P(r > s) = P(r > s > 0) = p(r/s > 1) \tag{4.24}$$

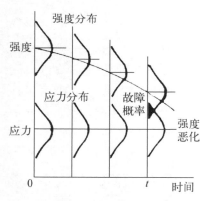

图 4.11   应力-强度分布与
时间的关系

式中,t 表示工作时间;r、s 分别表示强度、应力分布。若能满足式(4.24),则可保证不会发生故障,否则将出现故障。图 4.11 给出两种情况: 当 $t = 0$ 时,两个分布之间有一定的安全裕度,不会产生故障。但随着时间的推移,由于材料强度下降,结果在时间 t 时应力分布和强度分布发生干涉,这时将产生故障。

应当注意,需要研究的是两个分布发生干涉的部分。因此,应对时间为 t 时的应力-强度分布干涉模型进行分析,如图 4.12 所示。构件的工作应力为 s,强度为 r,它们都呈分布状态。当两个分布尾部发生重叠即干涉时,阴影部分可以定性地表示构件的故障概率,即不可靠度。应当指出,两个分布的重叠面积不能用作故障概率的定量表示,因为即使两个分布曲线完全重叠,故障概率也仅为 50%,即仍有 50% 的可靠度。还应注意,两个分布的差仍为一种分布,所以按图 4.12 所示,故障概率仍呈分布状态。

为了计算可靠度,把图 4.12 中的干涉部分放大如图 4.13 所示。计算可靠度的基本思路是,在构件危险断面上,当给定的强度值 r 大于应力值 s 时,存在着不发

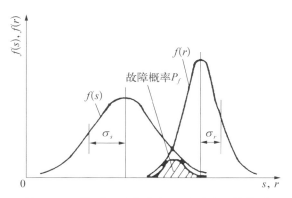

图 4.12　时间为 t 时的应力-强度分布干涉模型

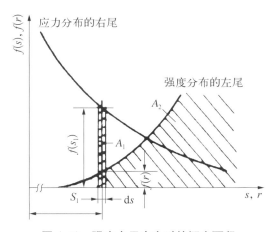

图 4.13　强度大于应力时的概率面积

生故障的概率,即可靠度。

由图 4.13 知,应力值 s_1 存在于区间 $[s_1 - ds/2, s_1 + ds/2]$ 内的概率等于面积 A_1,即

$$P(s_1 - ds/2 \leqslant s_1 \leqslant s_1 + ds/2) f(s_1) ds = A_1 \qquad (4.25)$$

同时,强度值 r 超过应力 s_1 的概率等于阴影面积 A_2,可以表示为

$$P(r > s_1) = \int_{s_1}^{\infty} f(r) dr = A_2 \qquad (4.26)$$

式(4.25)和式(4.26)表示的是两个同时发生的独立事件,所以可用概率乘法定理来计算应力值为 s_1 时的可靠度,得

$$dR = A_1 A_2 = f(s_1) ds \cdot \int_{s_1}^{\infty} f(r) dr \qquad (4.27)$$

因为构件的可靠度为强度 r 大于所有可能的应力 s 的整个概率,所以

$$R(t) = \int_{-\infty}^{\infty} dR = \int_{-\infty}^{\infty} f(s) \left[\int_{s}^{\infty} f(r) dr \right] ds \tag{4.28}$$

在工程设计中,应力和强度一般为有限值。如 a 和 b 分别表示应力在其概率密度函数中可以设想的最小值与最大值,c 表示强度在其概率密度函数中可以设想的最大值,则可将公式改写为

$$R(t) = \int_{a}^{b} f(s) \left[\int_{s}^{c} f(r) dr \right] ds \tag{4.29}$$

对于对数正态分布、威布尔分布和伽马分布,a 为位置参数,b 和 c 为无穷大;对于 β 分布,a 为位置参数,b 和 c 可能为有限值。

显然,对应力-强度分布干涉理论可以进一步延伸。例如,在安全寿命设计中,构件的工作循环次数 n 可以理解为应力,而构件的疲劳破坏循环次数 N 则可以理解为强度。与此相应,可以将公式改写为

$$R(t) = \int_{-\infty}^{\infty} f(n) \left[\int_{n}^{\infty} f(N) dN \right] dn \tag{4.30}$$

同样道理,在损伤容限设计中,可以将应力强度因子 K_1 理解为应力,而将材料的断裂韧性 K_{IC} 理解为强度。此时可以将公式改写为

$$R(t) \int_{-\infty}^{\infty} f(k_1) \left[\int_{K_I}^{\infty} f(K_{IC}) dK_{IC} \right] dK_I \tag{4.31}$$

（2）可靠度的计算方法。

① 数值积分法。如已知应力和强度的概率密度函数 $f(s)$ 与 $f(r)$,则可通过数值积分求出可靠度 $R(t)$。数值积分法能计算各种复杂的分布,能得到较精确的结果。常用的数值积分法有梯形法、高斯法、辛普森法。在可靠性设计中,广泛使用辛普森数值积分法,该法计算定积分的公式为

$$\int_{a}^{b} f(x) dx = \frac{b-a}{3n} (y_0 + 4y_1 + 2y_2 + \cdots + 2y_{n-2} + 4y_{n-1} + y_n) \tag{4.32}$$

式中,$y_i = f(x_i)$,$i = 0, 1, 2, \cdots, n, n$ 为偶数。

应用上述公式计算可靠度时,首先令

$$A(s) = \int_{s}^{c} f(r) dr \tag{4.33}$$

则可得

$$R(t) = \int_a^b f(s) A(s) \, \mathrm{d}s \tag{4.34}$$

将定义 s 的 a、b 区间,分成 $(n+1)$ 个点,对每个计算点 s_i, $i = 0, 1, 2, \cdots, n$,应用辛普森公式首先算出 $A(s_i)$,然后将其代入式(4.34)中,再用该公式计算可靠度。此时,辛普森积分公式中的 y_i 为

$$y_i = f(s_i) A(s_i) \tag{4.35}$$

② 蒙特卡罗模拟法。可以用蒙特卡罗模拟法来综合两种不同的分布,因此可用来综合应力分布和强度分布,并计算出可靠度。该方法的实质是从一种分布中随机选取一个样本,并将其与取自另一分布的样本相比较,然后对比较结果进行统计,并算出统计概率,这一统计概率便是所求的可靠度。

3. 电子元器件的选择与使用

元器件选用管理与控制的目的如下所示。

(1) 严格管理和控制型号所选用元器件的质量与可靠性。

(2) 进一步剔除所选用质量不合格的元器件和有缺陷的产品。

(3) 做好元器件使用全过程质量和可靠性管理及控制工作,满足整机质量和可靠性要求。

根据《电子元器件选用管理要求》(GJB 3404),元器件的管理过程包括选择、采购、监制、验收、筛选、保管、评审、使用、失效分析和信息管理,管理流程如图 4.14 所示。根据当前燃气轮机研制特点,应做好元器件的选择、规定元器件选用范围、元器件二次筛选(补充筛选)、开展破坏性物理分析(destructive physical analysis,DPA)和失效分析等重点工作项目,特别是元器件的选择。

元器件定义:在电子线路或电子设备中执行电气、电子、电磁、机电和光电功能的基本单元,该基本单元可由一个或多个零件组成,通常不破坏是不能将其分解的。

元器件的分类有逐步向电磁材料扩展的趋势,但至今还没有权威的分类方法。元器件种类如图 4.15 所示。

元器件的选择除了考虑功能、性能要求,还应考虑可靠性要求。

(1) 元器件的技术标准(包括技术性能指标、质量等级等)应满足装备的要求。

(2) 元器件的选择还应考虑降额和热设计要求,同时不得用加大元器件的降额使用来弥补采用低于规定质量等级的元器件。

(3) 在满足性能、质量要求前提下,应优先选用国产元器件。

(4) 从型号规定的元器件选用范围中选择,超范围选择的元器件,应按规定进行必要的分析或试验并按规定审批。

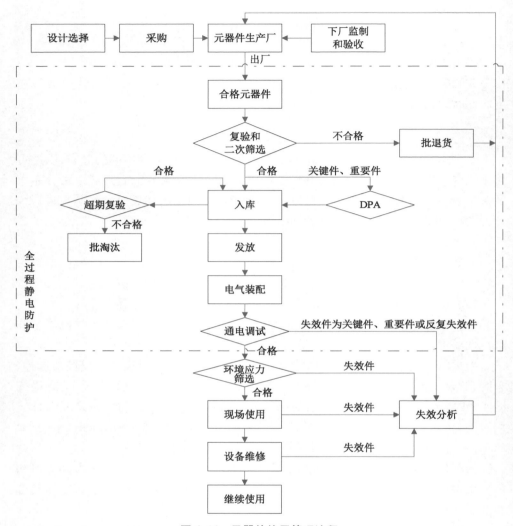

图 4.14 元器件使用管理流程

（5）选择经实践证明质量稳定、可靠性高、有发展前途和能持续供货的标准元器件，不允许选择淘汰品种的元器件。

（6）不得选择禁止使用的元器件和尽可能地减少选用限制使用的元器件。

（7）应最大限度地压缩元器件型号、规格和承制厂。

（8）选择有质量保证、供货稳定、通过国家认证合格的制造厂。

国内外失效分析资料表明，相当多的元器件失效并非由于元器件本身固有可靠性不高，而是由于使用者对元器件的选择不当或使用有误引起的。因此，加强元器件选用过程的质量管理和控制，做好元器件使用可靠性工作具有重要意义。

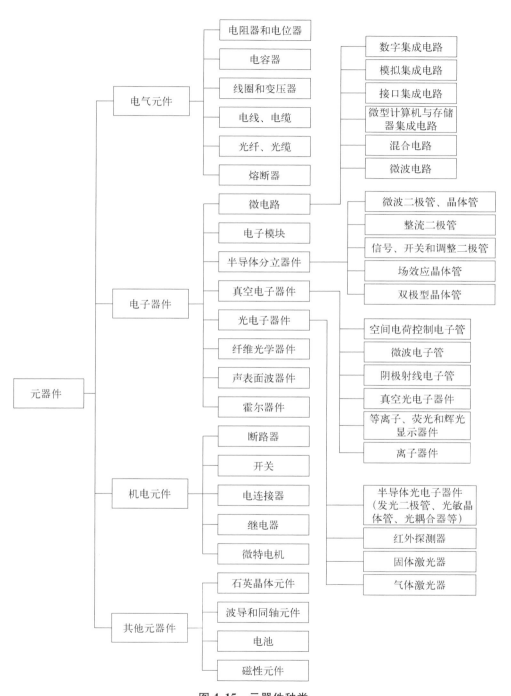

图 4.15　元器件种类

电子产品的可靠性:

$$\text{MTBF} = \frac{1}{\sum \lambda_P} \tag{4.36}$$

式中, $\sum \lambda_P$ 为电子设备的工作失效率(由元器件组成的各组件的工作失效率 $\lambda_{P1}, \cdots, \lambda_{Pn}$ 相加)。元器件质量等级高,其工作失效率就低,因而设备平均故障间隔时间就长。

以金属膜电阻器为例,其工作失效率 λ_P 计算公式为(不同元器件计算公式不同,具体参见 GJB/Z 299C)

$$\lambda_P = \lambda_b \cdot \pi_E \cdot \pi_Q \cdot \pi_R \tag{4.37}$$

式中, λ_b 为基本失效率($10^{-6}/\text{h}$); π_E 为环境系数; π_Q 为质量系数(不同质量等级对元器件工作失效率影响的调整系数); π_R 为阻值系数。

由公式看出,在其他参数不变的情况下,质量系数 π_Q 越小,则元器件工作失效率越低。

元器件的质量等级,一般来讲,不同质量等级不仅其筛选的项目和应力不相同,并且高质量的元器件采用好的材料,以及增加若干试验和检查等内容;元器件在不同的装备中和用于不同的要求条件时应选用适用的质量等级,关键的、重要的、在严酷条件下工作的、在 MTBF 要求高的设备中工作的元器件应采用高质量等级;采用高质量等级的元器件和对元器件进行降额使用都能提高整机的固有可靠性,但是选用高的质量等级元器件比降额使用更有效。

采用高质量等级的元器件的好处如下所示。

(1)产品可靠性预计容易满足产品指标要求。

(2)元器件可以承受较严酷的环境应力或工作应力。

(3)高质量等级元器件的有效储存期也长于低质量等级元器件。

4. 可靠性分析

可靠性分析通常融于产品设计工作之中。首先要根据任务需求,分析产品的功能及结构组成、产品的工作条件与环境条件,在吃透产品的任务剖面后,就要进行一系列的可靠性设计,可靠性分析就融于其中。从可靠性指标确定与分配,直到各种可靠性设计技术的应用,都渗透着可靠性分析,分析的核心就是如何识别并防止故障。

可靠性分析主要有故障模式影响及危害性分析、故障树分析、潜在分析、电路容差分析、耐久性分析等,本节以故障模式影响及危害性分析和故障树分析为例,介绍航改燃气轮机可靠性分析的理念与方法。

1）故障模式影响及危害性分析

故障模式影响及危害性分析（failure mode effects and criticality analysis, FMECA）是一种系统化的可靠性分析程序，早在 20 世纪 50 年代初期，美国 Grumman 公司第一次把 FMECA 用于战斗机操纵系统的设计分析，取得了良好的效果。后来这种 FMECA 技术在航空领域及其他方面得到了广泛的应用并有所发展，并形成标准程序。1974 年，美国发布了《故障模式影响及致命性分析程序》（MIL‐STD‐1629）。1985 年，国际电工委员会发布了 IEC 60812《故障模式和影响分析程序》。我国也于 1987 年颁布了《失效模式和效应分析程序》（GB7826）（等同 IEC 60812），1992 年颁布了《故障模式、影响及危害性分析程序》（GJB 1391），2006 年修订形成了《故障模式影响及危害性分析指南》（GJB/Z 1391）。上述标准的发布为开展 FMECA 工作提供了规范性的要求和方法。

FMECA 是《装备可靠性工作通用要求》（GJB 450A）规定的主要工作项目之一。在航空发动机和航改燃气轮机项目研制中，FMECA 技术已广泛地应用并取得了一定的成效。

进行 FMECA 时，首先需确定和掌握分析的对象，即产品的设计内容及分析的层次、所需的设计资料和图纸。在具体分析之前还应画出产品的功能框图、可靠性框图，并规定分析的基本准则和假设。还包括分析方法、分析的最低约定层次、故障判据、假设条件及分析范围等。

为了进行定量分析，还需要有关的可靠性数据，通常采用系列产品的外场数据或相同条件下可靠性试验数据。当缺乏上述数据时，电子产品可使用《电子设备可靠性预计手册》（GJB/Z 299C）或其他能获得的故障率数据库，非电产品可采用相似产品统计数据。

FMECA 分析一般可按下列步骤进行。

（1）定义所分析的对象。在对设计资料、图纸做深入了解和理解的基础上定义所分析的系统。系统定义至少应包括如下内容：系统的各项任务，各任务阶段/工作模式及其环境剖面；确定系统的功能关系，包括说明主要、次要任务目标；确定系统及其组成部分的故障判据，系统各层次的任务阶段/工作方式、预期任务时间、功能和输出等。

（2）确定故障模式。故障模式是指故障的表现形式，不可与故障的性质或原因相混淆。例如，叶片折断是故障模式，叶片颤振和共振等则是故障性质。一个构件可能有多个故障部位和故障模式。

FMECA 工作强调那些目前虽未出现，但估计可能会出现的故障模式，特别是那些可能会出现且影响严重的故障模式，应采取针对性的措施，从而达到预见故障和预防故障发生的目的。

应考虑构件在整个使用寿命期内可能出现的故障模式。需要特别重视那些在一个规定检查期内可能出现的故障模式。

有的故障模式可能发展、转变,例如,叶片裂纹可能发展为叶片断裂;涂层过度磨损可能发展成为掉块或完全脱落。填表应以最终模式为主,包括中间模式,如叶片的裂纹与断裂,涂层的过度磨损、掉块与脱落。

故障模式的填写:每种零件应采取确切的用词,同类零件的同类故障模式最好采用相同用词。

参考故障模式如下所示。

① 断裂类:裂纹、局部断裂、整体断裂、涂层掉块、涂层脱落等。

② 磨损类:局部磨损、整体磨损等。

③ 变形类:尺寸变化、局部变形、整体变形等。

④ 蚀损类:烧蚀、锈蚀、腐蚀、磨蚀等。

⑤ 连接类:粘接、开焊、松动、松脱、剥落等。

⑥ 渗漏类:空气渗漏、燃气渗漏、滑油渗漏、燃油渗漏等。

⑦ 生成物:积碳、结焦等。

(3) 分析故障原因。分析故障模式发生可能的原因,应从设计、制造、材料、工艺、环境、载荷、质量控制及其他多方面考虑,提出故障可能的原因,FMECA 分析时要抓住主要原因,并尽量具体,以便采取可操作的预防措施及提出进一步建议。

(4) 影响分析。不同层次的故障模式和故障影响存在着一定的关系,即低层次产品故障模式对紧邻上一层次产品的影响就是紧邻上一层次产品的故障模式、低层次产品的故障模式是紧邻上一层次的故障原因。各层次故障模式影响的定义如表 4.5 所示。

表 4.5　故障模式影响分级表

影响层级	影　响　描　述
局部影响	故障模式对自身及所在约定层次产品的使用、功能或状态的影响
高一层次影响	故障模式对所在约定层次的上一层次产品的使用、功能或状态的影响
最终影响	故障模式对初始约定层次产品的使用、功能或状态的影响

(5) 危害性分析。航改燃气轮机故障模式的危害性分析,可采用风险优先数法(risk priority number,RPN)或定量危害性矩阵法;在数据累积不足的情况下,可先使用风险优先数法进行分析。详细的计算方法可参照 GJB/Z 1391 的规定。

(6) 措施分析。采取措施主要分为以下几类。

① 设计改进措施。采用成熟设计,如采用国外燃气轮机资料中的某项技术;采取提高可靠性的措施,如降低应力和应力集中的设计措施;参考类似的设计并比

较分析;新材料、新技术、新工艺的方法。

② 计算分析项目。计算分析如强度、寿命及温度场计算等。

③ 试验验证项目。试验项目如喷嘴流量试验、低循环疲劳试验等。

④ 使用补偿措施。在使用中需要注意或需执行的保护措施,以避免故障模式的发生。如限制工作时间、需要定时进行检查等。

2） 故障树分析

故障树分析(fault tree analysis,FTA)是 20 世纪 60 年代初提出来的,首先用于美国民兵导弹发射控制系统,后推广应用到航天、核能和化工等许多领域,称为分析系统可靠性和安全性的一个有力工具。

FTA 以系统不希望发生的一个事件(顶事件)作为分析目标,第一步是寻找一切引起顶事件的直接原因,第二步是再去寻找引起上述直接原因的下一层直接原因,这样一步一步找下去。如果原因 A 或原因 B 会引起上一级事件发生,就用或门(OR)连接;如果原因 A 与原因 B 合在一起才引起上一级事件发生,就用与门(AND)连接。由此需找系统内可能存在的部件失效、环境影响、软件缺陷和人为失误等各种因素(底事件)与系统失效(顶事件)之间的逻辑关系,从而形成一棵倒立的故障树。建树后,定性分析各底事件对顶事件影响的组合方式和传播途径,识别一切可能的故障模式及其影响的轻重程度[98]。

FTA 是一种系统化的演绎过程,虽烦琐,但可循序渐进地演绎下去,直到找出全部底事件,找出系统全部的故障模式。如果已知底事件发生概率,还可估算系统顶事件的失效率。

FTA 和 FMECA 需结合进行,FMECA 基本上是单因素分析,FTA 追溯系统失效的根源,深入到故障的组合逻辑关系。FMECA 自下而上分析,FTA 自上而下分析,二者相辅相成。

建树是 FTA 的关键,若有错、漏,分析将失去意义。建树是一个逐步深入和完善的过程。建树主要原则如下所示。

(1) 准确定义故障事件。

(2) 坚持循序渐进原则,每一层只找直接原因,找全了才能向下一层找,以防错、漏。

(3) 要分析清楚事件的逻辑关系和条件,不可逻辑混乱或条件矛盾。

(4) 要合理简化,这有助于分析者抓住重点,避免分散精力。

建立故障树后,应根据需要进行定性分析或定量分析。

故障树定性分析的任务就是求出故障树的数学表达式(即故障树的结构函数)及寻找故障树的最小割集和最小路集。求解最小割集和最小路集的方法可参照 GJB/Z 768A。

故障树定性分析的主要结果是求得全部最小割集或者最小路集,在这里用严格逻辑演绎所求得的最小割集具有完整性和准确性,这些最小割集可以用于识别导致顶事件发生的所有可能的系统故障模式,有助于判明潜在的故障,避免遗漏重要的失效模式,也有助于指导故障诊断、故障定位及维修方案的制定,定性分析结果也是定量分析的基础。

故障树定量分析的任务是求顶事件发生的特征量(如概率、失效率、首次失效时间)和底事件的重要度等。

在进行故障树的定量分析时,一般要求做以下几个假设。

(1)底事件之间相互独立。

(2)事件只考虑两种状态,即发生或不发生,也就是说零组件都只有两种状态,即正常或故障。

(3)一般情况下,失效都假设为指数分布。

4.1.4 试验与评价

航改燃气轮机可靠性试验是指在设计、制造、使用过程中,为确认其可靠性水平而进行的试验,是验证发动机(或主要零组件)在规定条件下与规定时间内能否实现预定功能而进行的试验。可靠性试验是可靠性测定和可靠性验证试验的总称。它是进行产品的可靠性设计、产品故障分析的主要技术数据来源。

航改燃气轮机的可靠性试验不仅要开展寿命试验,还要开展环境与特定要求的可靠性试验。如持久试车、等效加速试车、耐久性试验、鉴定性试验和验收性试验等,形成了一整套较为复杂、内容完整的试验体系。

依据航改燃气轮机本身的特点,其可靠性试验大体可分为以下四大类。

(1)验证性试验。验证性试验是针对产品研制过程、设计初期或定型前,所进行的对设计可靠性指标的考核试验。其内容十分广泛。大体有可靠性寿命试验;等效加速性试验;零组件强度考核性试验;整机结构完整性相关试验;整机环境试验。

(2)可靠性增长试验。可靠性增长试验(reliability growth test,RGT)指的是为暴露缺陷和验证纠正措施以防止重复出现缺陷所进行的一系列试验。它主要目的是改进设计,而不是评价设计。因此,针对整个研制过程而言,可靠性增长试验是一个"试验-改进-再试验-再改进"的过程。

可靠性增长试验通常有3种方式,即

① 试验-改进-再试验。这种方式通过试验,暴露问题,分析原因,立即着手改进,然后再通过试验验证。如此反复,达到边试验边改进。增长曲线接近平滑上升曲线,如图4.16(a)所示。

② 试验-发现问题-再试验。这种方式通过试验,发现问题,而不是立即着手改进。再试验,再发现问题,等到一个阶段结束后,一起进行改进。增长曲线为梯

形曲线,如图 4.16(b)所示。

③ 带延缓改进的试验‑改进‑再试验。这种方式是通过试验,暴露问题,有些问题立即着手改进,有些问题则延缓到阶段结束后再改进。增长曲线为阶跃式上升曲线,如图 4.16(c)所示。它实质上是图 4.16(a)和(b)两种曲线的叠加。

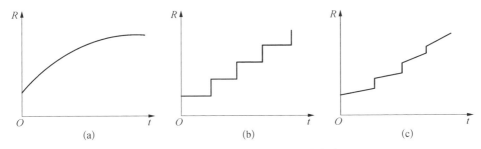

图 4.16 可靠性增长试验的 3 种方式

可靠性试验方式是实现可靠性的一种手段,也可以根据可靠性增长需要而制定。因此可靠性增长是可以管理的。

可靠性增长的管理需要有表示可靠性增长速度的教学模型,简称为增长模型。增长速度估计主要靠经验,但也得满足计划进度的要求。利用增长模式可以对可靠性增长趋势做出预测。

可靠性增长模型不同于其他可靠性估计模型,它不考核产品状态的变化。不对产品可靠性进行精确估计,而是对产品可靠性增长做出分析。

由此可见,产品在研制过程中,其可靠性是可以不断增长的,也就是说其母体的可靠性参数在变化之中。反映这种可靠性增长的模型称为可靠性增长模型,反映可靠性增长的曲线称为可靠性增长曲线。航改燃气轮机主要的可靠性增长模型包括 Duane 模型和 AMSAA 模型。

(3)鉴定性试验。评价设计定型或技术鉴定时的可靠性水平。

(4)验收性试验。评价生产定型时的可靠性水平,用于综合评价制造和装配的稳定性。

可靠性试验,既是一项试验技术工作,也是一项试验管理与监控工作。对产品设计、研制、改进改型、产品使用和管理都起着十分重要的作用。航改燃气轮机的自主研发,应从项目方案论证阶段开始,详细策划安排可靠性试验,做到有计划地开展。

4.2 维修性设计

4.2.1 基本理论

维修性是指产品在规定的条件下和规定的时间内,按照规定的程序和方法进行维修时保持或恢复其规定状态的能力。

保持或恢复产品的规定状态是产品维修的目的。所以,维修性就是在规定的约束(时间、条件、程序、方法等)下完成维修的能力。规定的条件主要是指维修的机构和场所(如工厂或维修基地、专门的维修车间、修理所及使用现场等),以及相应的人员与设备、设施、工具、备件、技术资料等资源条件。规定的程序与方法是指按技术文件规定采用的维修工作类型、步骤、方法。显然,不同的条件、程序与方法,在规定时间内完成同一产品维修的可能性是不一样的[99]。

维修性是通过对总体方案论证,经设计人员精心设计出来的固有特性。产品一旦设计定型、批量生产装备,它的这种固有属性就被冻结,在其使用中再加以改进就相当困难了。因此,近二三十年来,在新型号立项研制之初,便指定专门的维修性设计工程师,负责整机及各零部件的维修性设计方案的制定,制定维修性计划和设计准则,进行维修性验证和评估。

我国最新制定并颁布了《装备维修性工作通用要求》(GJB 368B),GJB 368B维修性工作项目如图 4.17 所示。

维修性设计参数或指标:维修性参数是度量维修性的尺度,在 GJB 451A和 GJB 368B 中规定了十余项维修性参数,对于不同用途的发动机,维修性设计的指标也有所区别,但也存在着共同之处,概括起来,主要有以下 3 项定量指标。

(1)平均修复时间。取决于发动机中各种可更换或可修复零部件发生故障的频数即取决于故障率或更换率,并取决于不同种类的故障出现时修复所用的时间。这是一项重要的指标,充分全面地反映发动机的维修保障负担,并在一定程度上反映了发动机的可靠性。

(2)维修间隔时间。即两次维修所间隔的时间,反映了发动机的完好使用时间。

(3)更换时间。即更换发动机部件或辅机件所需时间,反映更换发动机部件或辅机件的快速性。

确定维修性指标是一个比较困难的问题,过高的指标则需要采用高级技术、高级设备、精确的故障检测、隔离方法并负担随之而来的高额费用。过低的指标将使装备的停机时间过长,降低装备的战备完好性和任务成功性,不能满足使用要求,同时也达不到降低保障费用的目的。所以在确定维修性指标时,承制方会同最终用户论证指标,通常依据以下因素。

① 国内外现役同类装备的维修性水平。

② 预期采用的技术可能使产品达到的维修性水平。

③ 现行的维修保障体制,维修职责分工,各级维修时间的限制等。

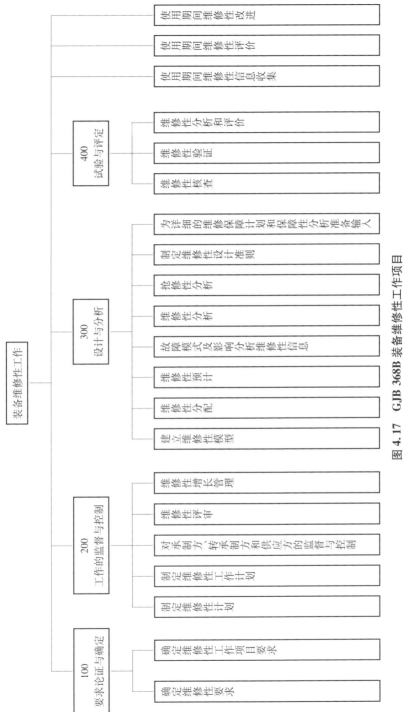

图 4.17　GJB 368B 装备维修性工作项目

4.2.2　设计分析

1. 维修性模型

1）作用

维修性模型是指为分析、评定系统的维修性而建立的各种物理和数学模型。其目的是表达系统与各单元维修性的关系、维修性参数与各种设计及保障之间的关系,在进行维修性分配、预计维修性指标优化时,均需建立维修性模型。

2）种类

模型按照不同需求可以有很多划分方法。

（1）按照建模目的分类：设计评价模型、分配预计模型、统计与验证试验模型。

（2）按照模型的形式分类：实物模型、非实物模型（包括维修性物理关系模型、维修性数学关系模型、虚拟维修模型）。

（3）按照建模的层次不同分类：单元维修过程模型、系统维修性模型。

3）要求

在维修性建模过程中,着重需要考虑以下几方面的问题。

（1）需要建模的维修性参数。

（2）维修性合同参数与使用参数之间的关系。

（3）与模型有关的维修级别、保障条件及保障方案。

（4）影响系统或设备维修性的设计特征。

（5）模型的输入和输出与系统及分系统的其他分析模型输入和输出的关系。

2. 维修性分配

1）目的

维修性分配的目的就是将维修性定量要求转化到各级产品设计要求中,也就是说,把系统或设备级的指标转换为低层次产品的定量指标。对于复杂产品而言,维修性定量要求要层层分解下去,以便协调设计,实现有效控制。分配是各层次产品维修性设计的依据,必须尽早分配才能充分权衡、更改和向下层次分配。

2）指标

维修性分配的指标应该是关系全局的系统维修性的主要指标,它们通常是在合同或是任务书中规定的。一般来说,燃气轮机最常见的维修性分配的指标是平均修复时间。

3）方法

（1）等值分配法。此方法适用于各个组成部分的复杂程度、故障率及维修难易度均相似的产品；也可在设计初期,当产品定义并不十分清楚或缺少可靠性、维修性信息时,用作初步分配。

等值分配法分配步骤如下所示。

假设该系统由 n 个分系统组成,若给定系统的平均修复时间为 $\bar{M}_{ct}$,则按等值分配法分配给各下属系统或设备的平均修复时间 $\bar{M}_{cti}$ 为

$$\bar{M}_{cti} = \frac{1}{n}\bar{M}_{ct} \tag{4.38}$$

(2)相似产品分配法。用已有相似产品维修性状况提供的信息,作为新研制或改进产品维修性分配的依据。本方法适用于已有相似产品维修性数据的情况。

相似产品分配法分配步骤如下所示。

① 确定合适的相似产品。

② 确定相似产品的平均修复时间。

③ 确定相似产品中第 i 个单元的平均修复时间。

④ 按以下公式计算需要分配产品的第 i 个单元的平均修复时间。

$$\bar{M}_{cti} = \frac{\bar{M}'_{cti}}{\bar{M}'_{ct}}\bar{M}_{ct} \tag{4.39}$$

式中,$\bar{M}'_{ct}$ 为相似产品已知的或预计的平均修复时间;$\bar{M}'_{cti}$ 为相似产品已知的或预计的第 i 个单元的平均修复时间。

(3)故障率分配法。本方法适用于已经分配了可靠性指标或已经有可靠性预计值的系统。

故障率分配法分配步骤如下所示。

① 计算系统的平均故障率:

$$\bar{\lambda} = \frac{\sum_{i=1}^{n}\lambda_i}{n} \tag{4.40}$$

式中,n 为组成系统的分系统的个数。

② 确定各分系统的平均修复时间:

$$\bar{M}_{cti} = \frac{\bar{\lambda}}{\lambda_i}\bar{M}_{ct} \tag{4.41}$$

(4)故障率加权分配法。适用于系统研制初期,以各分系统的相对复杂程度为依据进行分配,分系统的复杂程度用其故障率表示。

故障率加权分配法的分配步骤如下所示。

① 统计第 i 种分系统的数量 Q_i。

② 估计单个分系统的故障率 λ_{ss}。

③ 确定第 i 种分系统的总故障率 $\lambda_i = \lambda_{ss}Q_i$。

④ 确定每种分系统相对系统总故障率影响的百分数,即确定每种分系统的故

障率加权因子 W_i：

$$W_i = \frac{\lambda_i}{\sum\limits_{i=1}^{n} \lambda_i} \tag{4.42}$$

式中，n 为组成系统的分系统的种类数。

⑤ 确定各分系统的平均修复时间：

$$\overline{M}_{cti} = \frac{\overline{M}_{ct} \cdot \sum\limits_{i=1}^{n} \lambda_i}{n\lambda_i} = \frac{\overline{M}_{ct}}{nW_i} \tag{4.43}$$

式中，n 为组成系统的分系统的种类数。

3. 维修性预计

1）目的

维修性预计是研制与改进产品过程必不可少且费用效应好的维修性工作。维修性设计能否达到规定的要求，是否需要进行进一步的改进，首先要开展维修性预计。维修性预计的目的就是预先估计产品的维修性参数，了解其是否满足规定的维修性指标，以便对维修性工作实施监控。

2）指标

维修性预计的指标参数应同规定的指标相一致。一般来说，燃气轮机最常见的维修性预计的指标是平均修复时间。

3）方法

在产品的维修性设计过程中，维修性预计应反复进行。不同的研制阶段，不同类型的产品，预计方法一般是不一样的。

《维修性分配与预计手册》（GJB/Z 57）中明确规定了几种预计方法及其适用范围，本书中不再赘述。

4. 维修性设计准则

为了充分地体现维修性控制指标，使所设计出来的航改燃气轮机具有良好的维修性，应综合多年积累的维修性设计及使用、维修经验，维修性设计工程师在制定维修性设计方案时，制定维修性设计准则，将系统的维修性要求及使用和保障约束转化为具体的产品设计而确定的通用或专用的设计准则。设计准则的条款是研制总要求中维修性要求的细化和深化，是设计人员在设计时应遵循和采纳的。航改燃气轮机确定维修性设计准则可参照适用的标准、设计手册，如《飞机维修品质规范 航空发动机维修品质的一般要求》（GJB 312.3）、《维修性设计技术手册》（GJB/Z 91）、《军事装备和设施的人机工程设计准则》（GJB 2873）及类似的产品的维修性设计准则和已有的维修与设计实践经验教训。

　　航改燃气轮机的通用维修性设计准则一般包括以下几种。

　　（1）可达性。可达性设计是指凡是需要测试、保养、调整、拆卸、更换或维修的所有部位、零件、部件、组件或成品等都必须提供可达的通道，使得航改燃气轮机在维修时，维修人员容易接近其要维修的部位，能"看得见""摸得着"。例如，压气机机匣采用对开式设计，便于对压气机叶片进行检查和修理；更换航改燃气轮机的所有外场可更换组件，使其都位于可达性最好的部位，更换时不需拆卸相邻的组件，也不需要移动组件上的零件，并为使用工具留下足够空间；为检查压气机、燃烧室和涡轮等流道件，开设了孔探孔，便于进行周期性检查。

　　（2）标准化和互换性。互换性是指按照关于标准化的概念，任何一个给定的零件、部件或器材能被同类的零件、部件或器材代替的能力，主要分为功能互换和实体互换两类。将燃气轮机的各零部件设计成标准件，具有互换性和通用性，不仅有利于燃气轮机的设计和生产，而且对紧急抢修中，采用拆装修理更具有重要意义，且拆装时均采用标准工具。

　　（3）模块化。航改燃气轮机广泛地采用单元体设计，分成进气机匣、压气机、燃烧室、燃气发生器涡轮、动力涡轮、排气装置和安装系统等单元体。不同的航改燃气轮机采用的单元体数目不同，维修时广泛地采用单元体拆装，并且各单元体间互不干扰。航改燃气轮机的综合电子控制柜采用模块化设计，进行调整或排除故障时方便拆装或更换模块。

　　（4）标记。航改燃气轮机上的各种标记应能准确地用来识别所标的机件。如对各系统的调整点进行标记，方便外场维护人员准确地找到调整位置。

　　（5）安装、固定与连接。设备、部件的安装，应便于紧固件、连接件的拆装。例如，燃油附件使用快卸环固定在航改燃气轮机附件传动机匣上，快卸环拆装方便快捷。

　　（6）人机工程。使维修人员在体力上、感官上、耐受力上，以及维修人员的心理素质和人体量度等，与所维修的航改燃气轮机的关系是科学合理的，借以提高维修工作效率和质量，以及减轻维修人员疲劳等。如航改燃气轮机上需维修的管路、附件等，应尽可能地安排在燃气轮机的侧面，以减少人员的跪、蹲、卧、趴等不符合人机工程要求的姿态。如规定单人搬动的零组件质量不超过 16 kg，两人搬动的零组件质量不超过 32 kg，若有超过 32 kg 的零组件应采取相应的起重措施，并规定起吊搬运的方法。

　　（7）维修安全。维修安全是指在维修燃气轮机时，不会出现因触电、有害气体、失火、爆炸等造成损伤的维修事故。采取的安全措施有涂写明显的警告标记、设置安全连锁开关、设置紧急短路开关、设置接地、进行良好通风等，均可避免维修人员的意外伤害和事故的发生。例如，点火装置标有"高电压强电流"，提醒使用、维护人员注意。航改燃气轮机和综合电子控制柜采取防静电措施，避免对设备和人员造成危险。

（8）防差错设计。航改燃气轮机设计时，外形相近而功能不同的零件、重要连接部件和安装时容易发生差错的零部件，产品上应有必要的防差错设计，从结构上加以区别或有明显的识别标志，提高维修效率的标记，其意义在于避免维修差错和提高工作效率。

（9）冗余设计。冗余设计是一种"故意"的多余设计，分为两类，一类是数量上的，设置备份件，当其中某一部件发生故障时，备份件可自动代替去执行正常的功能，例如，航改燃气轮机采用双点火电嘴点火；另一类是质量上的，设计部件的负载能力大大高于额定负载能力，以减少故障的发生，如采用高承受力的轴承、高抗干扰电路等。此项设计的目的是提高航改燃气轮机的可靠性，当一个部件甚至一个分系统发生故障时，并不影响整个系统的安全工作，以简化检查过程，减少或免除维修。

（10）故障诊断设计。故障诊断设计能准确迅速、有效地识别、隔离并排除航改燃气轮机的故障。例如，控制系统实行全面的状态监控，实施性能监控和趋势分析，提供故障定位及维修指示。其中机载实时监控包括转速、燃气涡轮后温度、滑油温度和压力、金属屑末检测、各系统及重要部件故障显示等。地面监控包括参数记录仪、孔探检查、滑油光谱分析等。这些措施可以准确地评定航改燃气轮机性能和状态，进行故障诊断[100]。

上面的准则是通用的，同时在设计航改燃气轮机时，根据不同型号的结构特点制定不同的准则，形成该型号的专用维修性设计准则。设计人员需严格地按照维修性设计准则进行设计，并根据准则进行维修性设计准则符合性检查，填写维修性设计准则符合性检查表，逐项进行核对，对不能满足要求的项目应视情况重新进行设计。

5. 维修性分析

维修性分析在产品研制的各阶段持续开展，不同阶段的维修性分析目的有所不同，维修性分析的目的大致可以归纳为以下4方面。

（1）为确定维修性设计准则提供依据。维修性分析是确定维修性设计准则的前提条件，只有根据产品的维修性定量要求和设计约束进行了维修性分析，才能恰当地确定维修性设计准则。

（2）进行备选方案的权衡研究，为设计决策创造条件。当某一零部件的维修性设计存在两种或两种以上设计方案时就需要对这些方案以维修性设计参数为主要的决策变量进行权衡研究，其目的是选择费用-效能的最佳设计结构。

（3）证实设计是否符合维修性设计要求。维修性分析的主要目的之一是对设计满足定性和定量的维修性要求进行评估。侧重点是对定性要求进行分析，如互换性、可达距离、标准化程度、操作空间等。定量的维修性要求一般是通过维修性预计来评定的。

（4）为确定维修策略和维修保障资源提供数据。将影响维修计划和维修保障资源的维修性分析与结果制成清单，该清单的内容是进行保障性分析、确定维修计划和维修保障资源的重要输入。该清单一般包括以下几方面。

① 与设计有关的初始人员技能要求和人力需求、人工或自动测试系统的特性及维修级别。

② 每一维修级别的维修程度、范围和频数。

③ 每一维修级别要求的初始维修技术资料。

④ 每一维修级别必需的初始培训及培训教材。

⑤ 每一维修级别初始专用与通用保障设备和工具。

4.2.3　维修性试验与评价

维修性试验与评价包括维修性核查、维修性验证和维修性分析评价。目的是鉴别有关维修性设计缺陷，使维修性不断增长，验证和评价产品的维修性是否满足规定要求。

1）维修性核查

维修性核查是为实现装备的维修性要求，自签订装备研制合同之日起，贯穿于整个装备的整个研制过程中。目前航改燃气轮机研制中采用的核查方法一般是通过试车、装配过程及在航改燃气轮机的定期/周期检查中搜集到的数据，对其进行分析，找出维修性的薄弱环节，采取改进措施，提高维修性。

传统的维修性核查工作存在着一些问题，许多工作项目需要通过设计人员在实物样机或原型机上模拟真实产品的维修过程来进行。这种对实物样机的需求，导致了工作开展时间一般比较滞后。同理，维修规程制定、维修训练等工作内容的开展时间会更晚一些，可能要等到产品定型之后或使用阶段初期。因此，这种传统的"串行"设计方式不能尽早地发现产品设计中存在的问题。有些维修相关的问题甚至要等到产品投入使用之后才暴露出来。这样，由于此时设计工作已接近尾声，很难再对产品进行改进。

虚拟维修技术改变传统维修性核查依赖实物样机造成周期长、费用高、更改困难的缺陷与不足，也满足产品研制时间性和经济性需求。将虚拟现实技术引入维修工程领域突破了传统维修性设计在时空上的局限。虚拟维修技术可在产品设计早期，具有数字样机的研制阶段就可以将维修性设计同产品性能设计并行开展，显著地提高了产品设计"一次成功率"；借助虚拟环境可开展维修任务的仿真，开展维修过程规划、维修训练等工作，则将传统的"设计空间"提升到了"试验空间"，丰富了设计手段。虚拟维修仿真的这些特点及技术上日渐可行，使得其越来越成为维修性核查的先进技术手段。

2）维修性验证

维修性验证是指为确定装备是否达到规定的维修性要求,由指定的试验机构或由订购方与承制方联合进行的试验验证工作,是一种正规的严格的检验性试验评定。维修性试验验证通常在设计定型阶段进行,在生产定型阶段进行装备验收时,如有必要也进行验证。

GJB 2072 对维修性验证试验规定了统一的试验方法和要求。GJB 2072 中找不到一种合适的方法时,由订购方提供其他试验方法,或由承制方确定相应方法并经订购方认可。

3）维修性分析评价

维修性分析评价主要用于难以实施维修性验证的复杂装备,通常采用维修性预计、维修性缺陷分析、同类产品维修性水平对比分析、维修性仿真、低层次产品维修性试验数据综合等方法,评价装备是否能达到规定的维修性水平。维修性分析评价也可理解为产品定型阶段的维修性分析,分析评价方法应经订购方认可。

4.3　保障性设计

4.3.1　概述

装备投入使用后能否迅速形成战斗力,在平时训练和战时训练使用中能否充分发挥地其效能,受多种因素制约,除人员素质和指挥水平外,还与装备的作战性能、质量和保障性等方面因素的综合影响有关。在研制过程中缺少对其中任何一方面的考虑,都将意味着对装备战斗力的严重削弱,从而难以完成预期的作战与训练任务。

美国是从 20 世纪 60 年代开始认识并着手在装备研制阶段就开始综合考虑装备的保障问题的,并将这一领域的研究和工程管理称为综合后勤保障。

4.3.2　定义

保障性是系统的设计特性和计划的保障资源能满足平时与战时使用要求的能力。保障性是装备系统的固有属性,它包含两方面的含义,即与装备保障有关的设计特性和保障资源的充分与适用程度。

保障性中所指的设计特性是指与装备使用和维修保障有关的设计特性,如可靠性与维修性等,以及使用装备便于操作、检查、维修、装卸、运输、消耗品补给等的设计特性。计划的保障资源是指为保证装备完成平时和战时使用要求,所规划的人力和物力资源[101]。

综合保障是为满足战备和任务要求,在装备研制全过程中进行的一系列技术与管理活动,以可承受的寿命周期费用提供与装备相匹配的保障资源和建立有效的保障系统。

这种活动要达到两个目的：一是通过开展综合保障工作对装备设计施加约束，使装备设计的便于保障；二是在获得装备的同时，提供经济有效的保障资源和建立相应的保障系统，以便使所部署的装备得到保障。

（1）确定装备系统的保障性要求。

（2）有效地将保障考虑纳入装备系统设计。

（3）研制与获取所需的保障资源。

（4）在使用阶段以最低的费用实施对装备的保障。

4.3.3　保障要素

保障要素（图 4.18）包括以下方面。

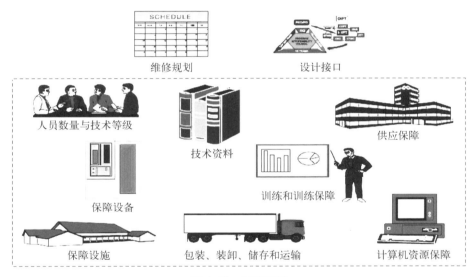

图 4.18　保障要素

（1）维修规划。指在装备寿命周期中研究和制定维修保障方案及规划具体实施。

主要包括以下几方面。

① 维修类型（计划维修与非计划维修）。

② 计划修理原则（不可修复、局部修复和全部可修复）。

③ 维修级别及任务。

④ 主要保障资源。

⑤ 资源维修活动的约束条件等。

（2）人员数量与技术等级。确定使用和维修所需人员的数量及技能要求。

（3）供应保障。确定装备使用与维修所需消耗品、备件数量和品种。

（4）保障设备。规划装备使用和维修所需各种设备而进行的工作。包括拆卸、安装与搬运设备、工具、测试设备等。

（5）技术资料。为装备使用与维修人员提供所需的技术资料。

（6）训练和训练保障。为训练装备使用与维修人员制定所需的训练计划、课程设置、训练方法等。

（7）计算机资源保障。为保障装备上嵌入计算机系统的使用与维修提供所需的硬件、软件、检测仪器等。

（8）保障设施。装备使用、维修、训练和储存所需的永久和半永久性的构筑物，如备品仓库、维修车间、训练场地等不动产。

（9）包装、装卸、储存和运输。

（10）设计接口（与专业间的设计接口）。

4.3.4　综合保障主要工作内容

以往，我国的装备建设和发展基本上采用的是传统的序贯模式，基本做法是先研究出主装备，再去考虑主装备的保障问题，进行装备保障所需资源的设计，其结果是保障系统只能服从于装备设计，保障系统设计已无法影响装备设计，影响装备保障的设计缺陷不能得到及时发现和改进，使装备的使用与维修保障费用乃至全寿命期费用大大增加。

近二十年来，我国开始认识和理解装备综合保障的概念及其在装备与保障建设中的地位和作用，结合我国的实际情况，制定并颁布了《装备综合保障通用要求》（GJB 3872），指导装备在研制与生产中开展综合保障工作（图 4.19）。

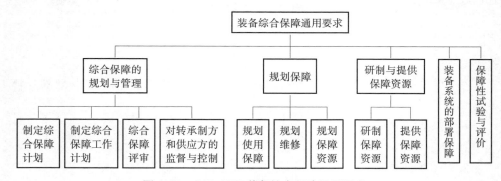

图 4.19　GJB 3872 装备综合保障通用要求

4.3.5　制定保障性要求

保障性要求可以是定量的也可以是定性的，这些要求在不同的管理阶段有不同的量值和不同水平的要求。保障性要求不可能一次制定完善,这是因为论证和研制早期缺乏必要的信息,同时保障性要求不仅是一个需求问题,还涉及许多实际条件与可能性,并与费用和进度密切相关,所以需要反复分析和多方面权衡。

保障性参数用于定性和定量描述装备保障性的状态,将保障性目标的定性要求转换为定量参数,是保障性工程中极为重要的步骤。选择参数项目时需考虑便于将定性要求、使用参数或系统参数转化为具体工程设计的参数。一般认为武器装备保障性参数分为以下 3 类,根据装备和使用特点选用。

1）保障性综合参数

这是根据装备的保障性目标要求而提出的参数,它从总体上反映装备系统的保障性水平,因而称为保障性综合参数。保障性目标是平时和战时使用要求,通常用战备完好性目标衡量,比较常用的战备完好性参数是使用可用度(A_0),它是与能工作时间和不能工作时间有关的一种可用性参数。其度量方法为产品的能工作时间与能工作时间、不能工作时间的和之比。其表达式为

$$A_0 = \frac{工作时间}{工作时间 + 不能工作时间} = \frac{T_{BF}}{T_{BF} + M_{CT} + T_{MLD}} \tag{4.44}$$

式中,T_{BF} 为平均故障间隔时间;M_{CT} 为平均故障修复时间;T_{MLD} 为平均保障延误时间,是指除工作时间以外所有为修复故障而等待的平均延误时间。

还有一种参数是可达可用度,它是仅与工作时间、修复性维修和预防性维修时间有关的一种可用性参数。其度量方法为产品的工作时间与工作时间、修复性维修时间、预防性维修时间的和之比。

可达可用度计算公式为

$$A_a = \frac{\sum_{i=1}^{n} T_{oi}}{\sum_{i=1}^{n} (T_{oi} + T_{CMi} + T_{PMi})} \tag{4.45}$$

式中,A_a 为可达可用度;T_{oi} 为工作的时间;T_{CMi} 为修复性维修时间;T_{PMi} 为预防性维修时间。

2）保障性设计参数

这是与装备的保障性有关的设计参数,它可以为保障资源的确定提供依据,如平均维修间隔时间、平均维修工时、发动机更换时间等。

3）保障资源参数

根据装备的实际保障要求确定,通常包括人员数量与技术等级、保障设备和工具的类型、数量与主要技术指标和利用率、备件种类、数量等。

常用的参数是备件利用率和备件满足率。

4.3.6 保障性分析

保障性分析是装备保障系统工程过程的一部分,是装备综合保障的分析性工具。在装备研制与生产的过程中应用某些科学与工程的成果,通过反复论证、综合、权衡、试验与评价的过程,有助于以下几方面。

(1)促进装备设计早期便考虑保障系统相关的需求或问题。

(2)确定与设计及彼此之间有最佳关系的保障要求。

(3)获得装备所需的保障。

(4)在使用阶段,以最低的费用与人力提供所需的保障。

因此保障性分析是确保保障性要求在装备的设计过程得以考虑的各种技术与方法的综合与运用。

保障性分析是一个多专业、多接口的综合性分析,是一个反复、有序迭代的分析过程。

保障性分析要综合协调可靠性、维修性、测试性、安全性等设计参数,主要分析包括故障模式分析、影响及危害性分析、以可靠性为中心的维修分析、维修级别分析、故障诊断权衡分析、运输性分析、使用与维修工作分析、生存性分析及寿命周期费用分析等。

保障性分析是一个贯穿于全寿命周期内各个阶段,并与装备研制进展相适应的反复有序的迭代分析过程。在研制的早期阶段分析的主要重点是影响与装备设计有关的保障性问题。这种分析,由装备总体开始按硬件层次由上而下顺序延伸到约定的装备下属层次,在后期阶段,通过详细的维修规划及使用与维修工作任务分析,确定全部保障资源要求,此外还要进行保障性的评估与验证工作。

根据保障性分析的目的与任务,装备的保障性分析要进行以下两方面的内容。

(1)确定装备的作战使用特性、保障特性和制定保障性要求。

(2)确定最佳的保障方案并影响装备设计。

在进行装备保障性分析过程中要应用许多分析技术,目前主要包括以可靠性为中心的维修分析(reliability centered maintenance analysis,RCMA)、维修级别分析(level of repair analysis,LORA)、使用与维修任务分析等。

1)以可靠性为中心的维修分析

RCMA 是按照以最少的维修资源消耗保持装备的固有可靠性和安全性的原则,应用逻辑决断的方法确定装备预防性维修要求的过程。其主要内容包括:装备和设备的以可靠性为中心的维修分析,区域检查分析;结构以可靠性为中心的维修分析;预防性维修工作的组合。

装备的预防性维修要求是编制其他技术文件,如维修工作卡、维修技术规程和准备维修资源,如备品、消耗器材、仪器设备及人力等的依据。其根本目的是通过确定有效的预防性维修工作,以最少的资源消耗保持和恢复装备的安全性和可靠性的固有水平,并在必要时提供改进设计所需信息。装备的预防性维修要求一般包括:需进行预防性维修的产品、预防性维修工作的类型及其简要说明、预防性维修工作的间隔期和维修级别的建议。

产品的故障可以从多种角度加以区分,在以可靠性为中心的维修分析中主要分为两类:功能故障与潜在故障;单个故障与多重故障。

功能故障还要区分明显功能故障和隐蔽功能故障。

在装备的实际使用中,故障是不可避免的。因此对于故障应按其性质和后果通过分析采用相应的维修策略。

以可靠性为中心的维修分析可以得出预防性维修对策如下所示。

(1) 划分重要和非重要产品是指其故障会有安全性、任务性或经济性后果的产品。

(2) 按故障后果和原因确定预防性维修工作与更改设计的必要性,对于重要产品,要通过对其故障模式、原因和后果分析,就是要进行预防性维修决断。

(3) 根据故障规律及影响,选择预防性维修工作类型,常用的工作类型:保养、操作人员监控、使用检查、功能检测、定时拆修、定时报废,以及它们的综合工作。

(4) 逻辑决断分析。按照 GJB 1371 的逻辑决断图回答问题,如图 4.20 所示。

2) 维修级别分析

LORA 是一种系统性的分析方法,它以经济性或非经济性因素为依据,确定装备中待分析产品需要进行维修活动的最佳级别。

分析的目的是确定维修工作在哪一维修机构执行最适宜或最经济,并影响装备设计即确定整机、部件、系统和成附件及其组成单元适用的维修级别,如图 4.21 所示。

舰船航改燃气轮机维修保障参考当前部队三级维修体制,主要分为舰员级、中继级和基地级。

(1) 舰员级维修。由经过维修培训的舰员,依靠舰船上提供的设施、设备、工具和维修技术资料在舰船上对燃气轮机设备进行维护保养,对一般故障进行换件修理。

舰员级维修包括预防性维修和修复性维修两类。

① 预防性维修主要包括日检视、月检修。

日检视:每日进行。主要检修工作包括:对燃气轮机整体、机械、电气部分进行外观检查;滑油位检查、消耗量计算和视情加注;对转子手动盘车等。

月检修:每月进行。主要检修工作包括:屑末信号器检查清洗和校验、放油磁塞检查清洗、滑油滤清洗、滑油理化性能检查等。

视情(根据燃气轮机工作时间或状态)结合日检视或月检修进行燃油系统油

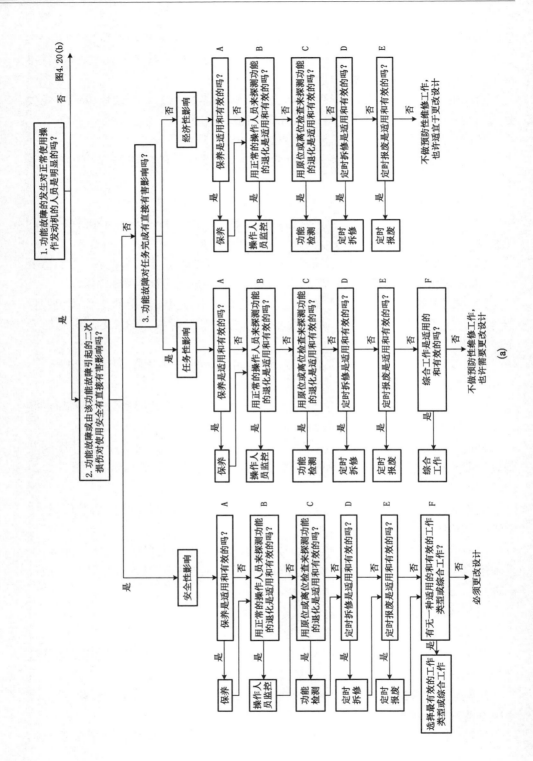

图4. 20 (a)

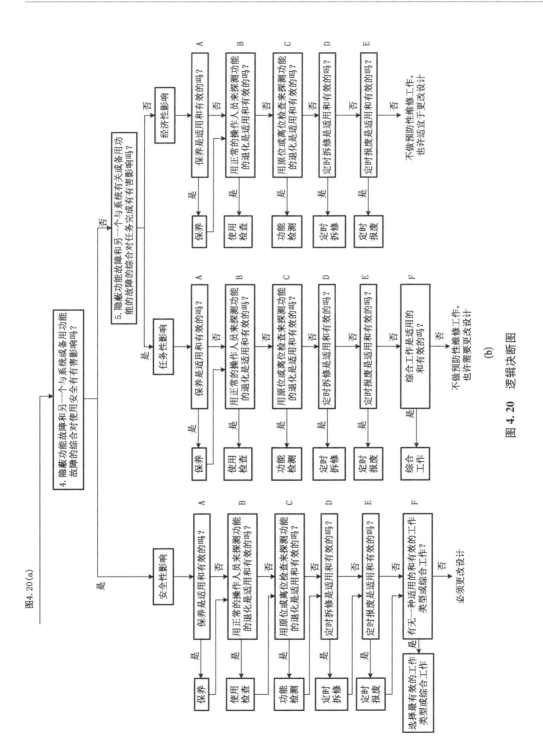

图 4.20　逻辑决断图

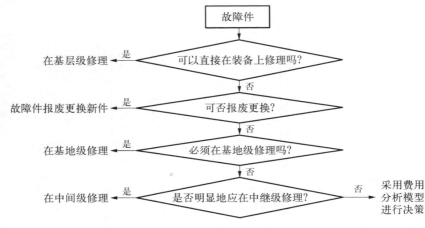

图 4.21　维修级别分析过程

滤、流道部件孔探检查和通流部分的清洗。

② 修复性维修(包括临抢修)主要是对常见简单故障的修复,如对电气附件的传感器、电缆、接插件等,以及附属系统的管路、阀门、垫片等进行更换。

(2) 中继级维修。由支队或基地修理机构、综合补给舰配置的经维修培训的专业技术人员,在泊岸或海上进行故障修理。

中继级维修分为预防性维修和修复性维修两类。

预防性维修主要是年检修,包括对底架的不平度、与减速器的对中等进行检查。

修复性维修主要是对较复杂设备故障的修复,包括滑油组件、电起动机的更换等。

(3) 基地级维修。由燃气轮机总体技术单位进行故障返厂检修或按计划定期进行翻修。

基地级维修主要工作包括:燃气轮机进出舱、燃气轮机返厂拆解检查和修理、总装并进行热态考核、出厂试验。

结构层次划分:将部件、系统、成附件按结构层次划分为组件/分系统、零件(统称为单元),并按结构层次编号。

① 确定非经济因素,分析每一个因素对单元的维修约束,权衡确定维修级别:确定影响单元维修的非经济性因素,分析每一个非经济性因素及其约束条件,如果某非经济性因素限制单元必须在某一级别上维修或报废,综合权衡时尽量地选择该维修级别;如果某约束要求单元不能在某一级别上维修或报废,综合权衡时尽量地避免选择该维修级别。所有的非经济因素全部分析完毕以后,综合权衡,确定单元最佳的维修/报废级别。

② 汇总修理级别：按部件、系统、成附件划分的结构层次汇总各组成单元的修理级别，此时应考虑各单元更换的级别。

③ 完成维修级别分析结果汇总表，如表 4.6 所示。

表 4.6　维修级别分析结果汇总表

序　号	名　称	类　型	数量	修 理 级 别		
				舰员级	中继级	基地级
1	＊＊＊＊＊	部件、系统、成附件		更换	修理	
1.1	单元 1.1	组件			更换	修理
1.1.1	单元 1.1.1	组件/零件				修理-报废
⋮	⋮					
1.2	单元 1.2	组件				
⋮	⋮					
1.3	单元 1.3	零件				

3）使用与维修任务分析

使用工作任务是指为保障燃气轮机在预定的环境中使用和执行预定的任务所需进行的保障工作，如图 4.22 所示。通常包括燃气轮机起动前准备，检查校正，滑油的补充等。由部件、系统、成附件根据各自功能和任务要求而分析制定，例如，滑油系统正常加注滑油，低温环境下预热燃气轮机滑油系统，再次起动前检查进气装置等。

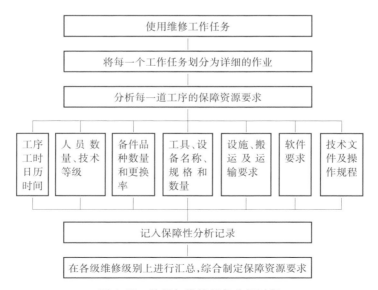

图 4.22　使用与维修任务分析过程

使用与维修工作包括以下几方面。

（1）使用工作是指保障装备在预定的环境中使用和执行预定的任务所需的保障工作。包括起动前准备、保养、校正、储存和运输等。

（2）预防性维修工作任务，通常有保养、操作人员监控、使用检查、功能检测、定时拆修、定时报废，以及它们的综合工作。

（3）修复性维修工作是需要进行的修复性维修工作任务，一般包括更换、周转件修复、原机修复和机上修复等。

4.3.7 保障资源的研制

保障资源是进行装备使用和维修等保障工作的物质基础。综合保障工作最终目的是要提供装备所需的保障资源并建立保障系统。保障资源包括保障设备、备件、技术资料等。

1. 保障设备

用于使用与维修所需的任何设备均可称为保障设备。保障设备包括使用与维修所用的拆卸和安装设备、工具、测试设备和诊断设备等，包括通用保障设备和专用保障设备。

通用的保障设备一般是货架产品，可以直接购买，如孔探仪、超声波清洗机、油液颗粒度污染检查仪。专用保障设备需要进行专门研制，如油封启封设备、综合地面检查仪、清洗车、吊具等。

在装备研制的早期应确定保障设备的需求，制定保障设备的研制计划。

保障设备需求的确定过程开始于方案阶段，研制过程如图 4.23 所示。

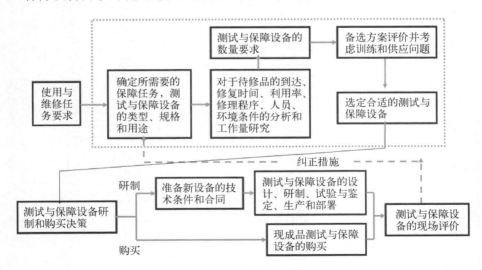

图 4.23 保障设备研制

2. 备件

确定保障维修中所需备件的种类和数量是进行有效的修复工作的必要条件，由于影响备件需求的因素很多，如装备的使用方法、维修能力、环境条件等，因此还没有一种准确确定备件需求和库存的方法。通常可利用过去的经验和类似装备的需求，规划今后给定一段时间内所需备件的预计数，如图 4.24 所示。

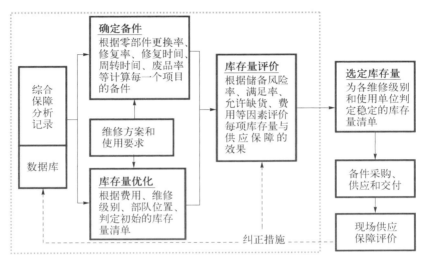

图 4.24　备件分析程序

3. 技术资料

技术资料是指将装备和设备要求转换为保障所需的工程图纸、技术规范、技术手册、技术报告、计算机软件文档等。它来源于各种工程与技术信息和记录，并且用来保障使用或维修一种特定产品。技术资料是装备使用与维修人员正确使用与维修装备的基本依据。

技术资料的编制过程（图 4.25）是收集保障某项装备所需的全部使用和维修工作资料，然后加以整理，使之便于理解和应用，并不断修订和完善的过程。在方案阶段应提出资料的具体编制要求，并依据可能得到的工程数据和资料，在方案阶段后期开始编制初始技术资料，随着装备的研制进程不断进行完善。

随着技术的发展，高技术产品和装备性能越来越先进、结构越来越复杂、产品维护维修技术水平要求逐渐提高，传统的产品维护手册和装备保障观念已经不能适应新的发展形势需要，于是交互式电子技术手册（Interactive Electronic Technical Manual，IETM）应运而生[102]。它集数字化技术、因特网技术和人工智能技术于一体，是西方发达国家推行持续采办和全寿命周期保障战略的关键技术之一。

目前，国际上有关 IETM 的标准很多。影响最大、应用最广泛的主流标准是美国军用系列标准和欧洲的 S1000D 标准[103]。

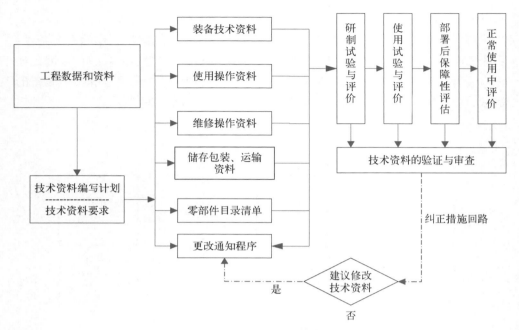

图 4.25 技术资料的编写过程

S1000D 标准采用了很多新的概念和设计理念,建立了长远的设计目标,涵盖了从内容创建、管理、发布和交付完整的技术出版物开发流程,并且融合了当前先进的计算机技术和信息管理方法。这决定了该标准具有较以往其他标准无法比拟的优越性。

(1)国际通用的技术出版物和信息交换的中性规范,能够用于军品和民品。

(2)提供了良好的数据交换标准(编码、内容和格式等),便于协同开发和合作。

(3)应用了结构化的编制、公共源数据的商业标准数据总线和模块化内容模型的概念。

(4)能够满足编制一次,生成多种交付的个性化要求。

(5)定义了能够与其他综合保障信息系统进行交互的基础信息架构。

S1000D 标准不仅仅是数据格式标准和数据交换标准,也为技术出版物从编制到发布交付整个流程提供了一整套解决方案[104]。

相对于纸质文档手册,交互式技术手册具有如下优点。

(1)技术信息采用数据库管理,信息可多次利用和更新。

(2)强大的交互能力,可实现方便快捷的信息查找和方便快捷获取。

(3)增强故障定位能力。

(4)体积小,重量轻。

（5）本身独立于武器装备，拥有单独的构建、更新、传递的流程。

针对交互式电子技术手册和 S1000D 标准的特点，目前研制了针对外场使用的 Ⅳ级交互式电子技术手册。实现了以下功能。

集成不同数据源的 IETM 能够将产品定义数据与产品保障数据等不同来源的数据或其他应用系统中的数据经过加工、集成处理后，形成自我描述式的数据，允许其他应用程序直接访问和处理。

（1）良好的访问与交互功能 IETM 提供多样化的信息检索、查找途径，并能对用户的操作给出实时响应，准确、及时地帮助和引导用户进行操作。

（2）多样化的显示风格采用文字、表格、图形、图像、视频、动画及虚拟现实技术等多种形式显示技术信息，为用户提供详细、生动、易于理解的技术信息细节。

（3）信息可实时维护与更新，为技术人员提供信息可实时维护与更新的机制，使技术人员根据操作经验和故障信息，加注必要的注释，当装备技术状态或手册内容更改时，能及时地更新、充实技术数据与信息。

（4）灵活多样的存储介质与应用形式可以采用合适类型容量的电子媒体存储介质，如 CD－ROM，能够在台式计算机、笔记本电脑及掌上电脑上以交互方式应用，并可在网络上以 Web 形式应用；也可打印成纸质文本。

交互式电子技术手册制作结构体系如图 4.26 所示。

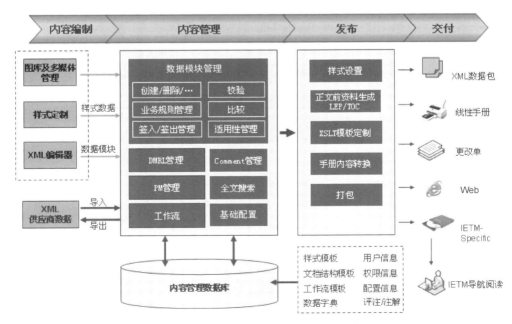

图 4.26　交互式电子技术手册制作结构体系

4.3.8　保障性评估

保障性评估是对装备系统在其寿命周期内,设计的保障方案是否满足规定的保障性定量指标与定性要求的评价。评价的内容包括评价方案的有效性和可行性,评价保障资源的有效性与充分性等。保障性评估作为实现装备系统保障性目标的重要而有效的监督与控制手段,其主要目标为在寿命周期内,评估新研装备保障系统的保障能力和装备本身的有效性,并在需要时调整分析结果,根据此结果对研制的装备采取改正措施,包括修改设计方案、保障方案,纠正设计缺陷等。保障性评估基本过程功能框图如图 4.27 所示。

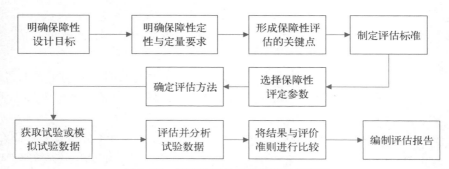

图 4.27　保障性评估基本过程功能框图

由于设计时,设计师往往难以直观地理解保障性、可靠性、维修性,只有通过试验,特别是实际使用后才能达到验证和评估。而保障性试验一般比较复杂,持续时间长,对试验环境要求高,为了避免重复试验和不必要的花费,必须对试验统筹安排。统筹安排试验,一是保障性试验作为研制试验、使用试验与定型试验的一部分,尽量地结合研制阶段的有关试验一起进行;二是尽可能地协调试验条件,将某些可靠性试验、维修性试验与保障性资源要素的试验合并进行。此外,为了分阶段地实现保障性要求,也应该很好地规划各研制阶段的保障性试验,以达到费用、进度与评估效果的最佳平衡。因此,评估的规划,实际上就是保障性试验的规划。规划的内容包括以下几方面。

（1）确定全部保障性试验的内容与进度安排,每项试验的输出,以及与设计分工、保障性分析的接口。

（2）确定试验环境、试验人员、试验资源要求及其他试验条件要求。

（3）对试验方法的选择、试验人员的训练、保障资源的获取、设施的准备等相关试验准备的说明。

（4）对试验规程与试验程序、试验数据的收集、处理、分析方法,以及报告编制等有关问题的说明。

（5）特殊试验、重复试验和加试的规定及试验方法。

（6）确定试验与评估的组织、职责分工与管理。

（7）试验经费的管理。

保障性综合试验可以结合维修性演示进行,达到规定的维修性要求的同时,验证保障系统的维修工作、保障设备、保障设施、人员技能与训练、备件及技术资料等的充分性、协调性和适应性。维修作业的样本,虽然原则上规定采用自然故障,但是,由于试验期间发生的自然故障往往不足,为了不使试验周期拖得太长而影响试验进度,一般可以采用模拟故障进行演示验证。由于试验是在模拟条件下进行的,所以演示试验对参试的维修组织机构、试验场地的选择、使用与维修人员的选配及所需要的保障资源,都必须有严格的规定。维修组织机构与人员的编成应严格地符合实际使用时各维修级别的要求。试验场地的设施、到供应点的距离、维修的实施及制度,也应严格符合海军部队的实际情况。使用与维修人员必须由规定的训练机构和规定的训练方法培训。保障资源应用计划的资源,按政策供应渠道供应,一般不允许使用代用品。为使试验具有真实性,还要采取必要的控制与监督措施。维修作业的实施程序和内容一般包括:维修作业样本的选择与分配,故障模拟,故障诊断与排除,测试检查,预防维修,数据处理及总结报告。试验中,定性要求的验证按试验的审定核对表逐项评定;定量指标的验证按完成实际维修作业的任务加以评定。

4.4　安 全 性 设 计

4.4.1　基本理论

安全问题始终是人类极为关注的大事。在第二次世界大战后,一些国家开始系统地研究安全性概念和安全性技术,并作为一门独立的学科,应用于武器装备研制、生产、使用中。1978 年美国国防部颁布了《系统安全性工程和管理》(DODI 5000.36),从采办政策上规定了武器装备安全性需求;美军 1993 年、2000 年、2005 年先后 3 次修订了《系统安全性标准》MIL-STD-882C、MIL-STD-882D 和 MIL-STD-882E。我国于 1990 年颁布了《系统安全性通用大纲》(GJB 900-1990);2012 年修订形成《装备安全性工作通用要求》(GJB 900A-2012);1997 年颁布了《系统安全工程手册》(GJB/Z 99-1997),作为型号的安全性要求应用于研制和管理过程中[105]。

安全性是指不发生事故的能力,借鉴《航空涡轮喷气和涡轮风扇发动机通用规范》(GJB 241A)的规定,发动机主要的安全性事件包括以下几方面。

（1）着火。

（2）非包容。

（3）发动机失去停车能力。

（4）用户引气使人员工作能力受影响。

（5）安装系统失效，不能支撑发动机。

参照民用航空发动机适航规定，一台航改燃气轮机失效，其唯一后果是该燃气轮机部分或全部丧失功率，这种失效认为是轻微燃气轮机影响。在危险性燃气轮机影响和轻微燃气轮机影响之间的影响，可认为是重大燃气轮机影响，典型的情况有受控的着火（即通过拉停燃气轮机或机载灭火系统能控制住的着火）；不会扩展成危险性影响的机匣烧穿；不会扩展成危险性影响的低能量零件飞出；导致机组人员不舒服的振动；燃气轮机向用户引气中的有毒物质使机组人员的操作效能降低；燃气轮机安装系统载荷路径失去完整性但燃气轮机没有实际脱开；产生的功率大于最大额定功率等。

围绕上述安全性事件要求，航改燃气轮机在研制中应系统性地开展安全性工作，进行安全性设计、分析和验证。安全性工作的开展，在程序、方法上主要依据GJB 900A 进行。GJB 900A 中提供了应考虑的系统安全的工作项目（表 4.7），型号研制中可经裁剪选取相应的工作项目执行。航改燃气轮机研制过程中，承研单位应始终将涉及安全性的问题作为重点，贯彻在科研计划、技术评审和质量控制等管理过程中。

表 4.7　系统安全性工作项目表

工作项目编号	工作项目名称	论证阶段	方案阶段	工程研制与定型阶段	生产使用阶段	责任单位
101	确定安全性要求	√	√	×	×	订购方
102	确定安全性工作项目要求	√	√	×	×	订购方
201	制定安全性计划	√	√	√	√	订购方
202	制定安全性工作计划	△	√	√	√	承制方
203	建立安全性工作组织机构	△	√	√	√	订购方承制方
204	对承制方、转承制方和供应方的安全性综合管理	△	√	√	√	订购方承制方
205	安全性评审	√	√	√	√	订购方承制方
206	危险跟踪与风险处置	√	√	√	√	承制方
207	安全性关键项目的确定与控制	△	√	√	△	承制方
208	试验的安全	△	√	√	△	订购方承制方
209	安全性工作进展报告	△	√	√	△	承制方
210	安全性培训	×	√	√	√	承制方

续　表

工作项目编号	工作项目名称	论证阶段	方案阶段	工程研制与定型阶段	生产使用阶段	责任单位
301	安全性要求分解	×	√	△	×	承制方
302	初步危险分析	△	√	△	△	承制方
303	制定安全性设计准则	△	√	△	×	承制方
304	系统危险分析	×	△	√	△	承制方
305	使用与保障危险分析	×	△	√	△	承制方
306	职业健康危险分析	×	√	√	△	承制方
401	安全性验证	×	△	√	△	承制方
402	安全性评价	×	√	√	△	承制方
501	使用安全性信息收集	×	×	×	√	订购方
502	使用安全保障	×	×	×	√	订购方
601	外购与重用软件的分析与测试	×	√	×	×	承制方
602	软件安全性需求与分析	√	√	×	×	承制方
603	软件设计安全性分析	×	√	√	△	承制方
604	软件代码安全性分析	×	△	√	√	承制方
605	软件安全性测试分析	×	×	√	△	承制方
606	运行阶段的软件安全性工作	×	×	×	√	订购方

注：表中符号的含义分别为：√——适用；×——不适用；△——可选用

　　航改燃气轮机与航空发动机工作原理相同,存在的危险源也基本一致,都存在着火、非包容、失去停车能力、安装系统失效等潜在危险;但航改燃气轮机相对于航空发动机,由于空间和重量限制不再像飞机那样要求苛刻,在安全性上存在明显的条件改善,可以采取以下主要措施提升安全性。

　　（1）加厚机匣,进一步提高机匣对转子叶片的包容性。

　　（2）增强安装系统,进一步提高安装的可靠性。

　　（3）电气系统与燃油、滑油系统分离,降低着火风险。

　　（4）更多的停车功能冗余设计,保证安全停车。

　　同时由于转子转速的降低、过渡态的减少、外部机动载荷的减轻等使用载荷条件的改善,也将有效地降低转子本身的故障。从上述情况可以看出,航改燃气轮机的安全性能够在航空发动机的基础上,得到全面提升。

　　当然,航改燃气轮机因用途的变化,也产生了与航空发动机不同的安全性问题,这些问题主要在人员维修安全方面。航空发动机在运行过程中无法进行维修,而航改燃气轮机在运行中需要允许维护人员操作;因此航改燃气轮机需要在设计时考虑外露的转动部位、高压设备、传动机构、高温部位等的隔离防护,以保证人员不受到伤害。

4.4.2 设计分析

在航改燃气轮机的安全性设计过程中,贯彻执行 GJB 900A,主要以故障树分析、故障模式影响分析和特性分析的方法,对安全性事件的潜在因素进行识别与处理。安全性分析通过将单独的危险性发动机影响的风险控制在规定的水平下,以达到发动机总的可以接受的设计风险,强调按事件影响的严重性来减小它发生的概率。图 4.28 所示为安全性评估过程。

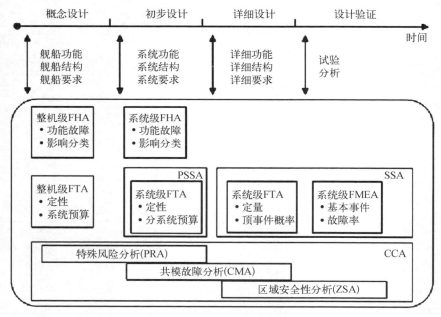

图 4.28 安全性评估过程

用于完成航改燃气轮机安全性分析的各种技术,可参照《系统安全工程手册》(GJB/Z 99)和 *Guidelines and Methods for Conducting the Safety Assessment Process on Civil Airborne Systems and Equipment*(SAE ARP4761)选择。如果有其他类似的技术,可由研制方向用户进行说明;这些技术的变化和/或组合也是可以接受的。对派生型燃气轮机,可以接受将分析的范围限于更改的构件或工作条件,和它们对燃气轮机其余部分的影响。关于使用的评定方法和评定范围,研制方和用户或用户代表应尽早商定。

对评定原因、严重性程度和潜在失效情况的可能性,有各种方法支持经验的工程判断。这些分析方法基于归纳法或推断法。以下是典型方法的简要描述,在

GJB/Z 99 和 SAE ARP4761 及其参考文献中可以找到关于分析技术更加详细的说明。

（1）故障模式、影响及危害性分析。这是一种结构的、归纳的、从下而上的分析，用于评定每个可能的元件或构件失效对发动机的影响。用适当的格式，有助于识别相关的失效和每种失效模式可能的原因。

（2）故障树分析或相关图（可靠性方框图）分析。这些分析是结构的、推论的、从上而下的分析，用于识别引起每种特定失效情况的条件、失效和事件。它们是图解法，用于识别每种具体的失效情况和可能引起失效情况的一次性元件或构件失效，其他事件或它们的组合之间的逻辑关系。故障树分析是查明失效原因，从发生什么失效能引起特定失效情况观点来进行分析。相关图分析是查明成功的原因，通过排除某特定失效条件而使之不出现故障的观点来进行分析。

（3）使用与保障危险分析。在研制阶段主要采用维修项目危险分析，主要针对各部件、系统在检查调整、装配分解、清洗修理、操作运输等过程中存在的潜在危险，分析危险检测方式，危险对燃气轮机、人员的影响，建议采取的措施或已采取的措施及效果，危险影响危害度（严酷度和发生概率组合）及危险优先序。

（4）共因分析。对共因失效进行定性和定量分析的方法，可以检验系统间是否满足独立性要求，分析共因失效条件下对系统失效的概率。尤其需要指出的是共因失效分析鉴定的故障模式及一些外部事件所能引起的危险性的或灾难性的故障后果，对于灾难性的后果，这些共因事件必须杜绝；而对于危险性的后果，这些共因事件发生的概率必须控制在给定的概率范围内。共因分析包括三类分析：区域安全性分析、特殊风险分析和共模分析。

着火是燃气轮机安全性的主要事件之一，引发该故障模式的主要部件及系统为燃烧室机匣破裂、压气机/涡轮机匣不包容、处于高温区内的燃油及滑油导管断裂、钛合金制造的转静子碰磨、盘/轴/鼓筒断裂等。图 4.29 给出了部分着火故障树的分析示意图。

在设计上通常采取以下措施。

（1）压气机防钛火设计：转子叶片为钛合金的，与其对应的钛合金静子机匣处设置非钛合金的转子外环块，且表面喷涂易磨涂层，机匣表面喷防火涂层；转子叶片及其相邻静子叶片材料均为钛合金的，保证转静子叶片轴向有较大间距；高温段不允许采用钛合金材料。通过以上措施可以有效地防止钛合金零件相碰产生钛火。

（2）高温段（核心机段）的燃油、滑油导管全部采用耐温性能良好的高温合金材料，燃油喷嘴和燃油分管连接处采用防漏设计，同时接头采用航标结构，对导管的安装提出更高的要求，并在试验中进行动应力测量，控制振动应力，保证导管连接、密封的可靠性。

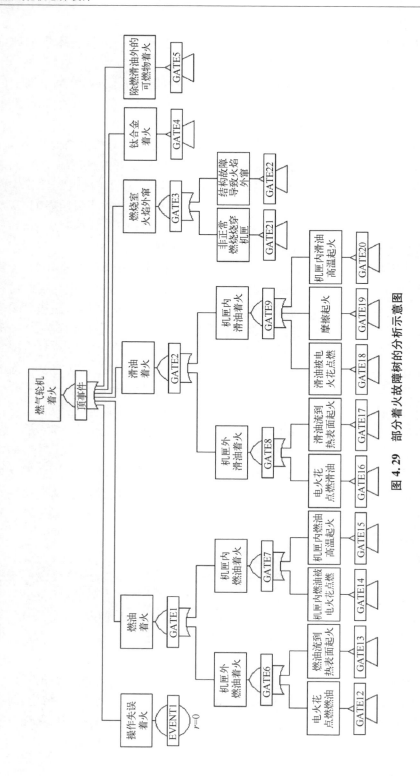

图 4.29 部分着火故障树的分析示意图

（3）对燃油、滑油输送零件或部件进行必要的着火试验，如图 4.30 所示。

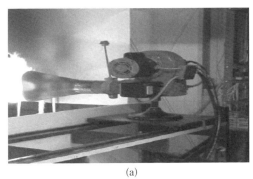 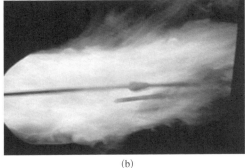

(a)　　　　　　　　　　　　　　　　(b)

图 4.30　管路着火试验

（4）在设计规范中除规定漏油口外严格限制泄漏量，同时经过燃气轮机试车考核。

（5）设置可燃液体排放口，防止可燃液体堆积后引起着火，在结构设计中考虑专门的漏油排放措施。

同时，在燃气轮机高温段设置火警探测器，在相应的部分设置灭火装置，保证燃气轮机外部一旦着火，可以进行控制。

非包容是另一个主要的产生危险性燃气轮机影响的因素。可能引发非包容事件的主要部件及系统为各级盘/轴、联轴器、鼓筒破裂；叶片断裂机匣不包容；燃烧室机匣破裂。图 4.31 给出了部分非包容故障树的分析示意图。

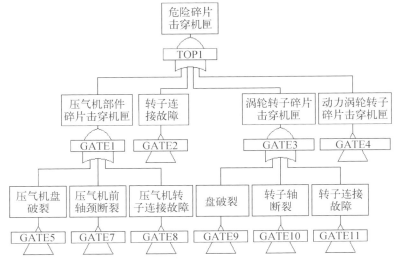

图 4.31　部分非包容故障树的分析示意图

在设计上通常需采取以下措施。

（1）机匣的包容设计。机匣从结构尺寸和材料等方面进行包容性设计，或者机匣局部设加强筋，以包容断裂后的叶片。

（2）燃烧室防破裂设计。对压气机后压力值进行限制，进行压力试验和低循环疲劳试验。

（3）转子的防破裂设计与验证。控制系统对燃气轮机高、低压转速进行限制和保护，转子部件进行强度设计，进行有关超转和破裂试验（图 4.32）、转子低循环疲劳试验。

（4）起动机设计超转保护转置，保证起动机不会造成非包容。

此外，因结合安全性分析，系统性地识别安全关键因素，定义关键件。关键件通常是指其一次性破坏可能造成危险性发动机影响的结构件。关键件必须满足专门的规范要求，控制其失效率为极少可能；典型关键件包括：盘、隔圈、鼓筒、轴、受高压力的机匣和没有冗余度的安装节零件。

图 4.32　轮盘破裂图例

4.4.3　试验与评价

在燃气轮机研制通用规范和适航标准中，都规定了安全性相关的验证内容，航改燃气轮机主要贯彻的是国军标要求，相关的安全性试验验证内容主要包括以下几方面。

（1）转子超转试验，按照国军标要求，各大转子应完成 115%（5 min）和 122%（30 s）最大工作转速的超转试验就认为完成了任务。不但要考虑单独失效引起的超转，还必须考虑由于多个失效引起的超转。即要对研制燃气轮机的各种失效超转进行全面考虑和验证。

（2）机匣压力试验，应确定正常工作压力、最大工作压力和最大可能压力，再按要求的安全系数确定试验压力。压力试验包括屈服强度试验和极限强度试验。

（3）安装系统试验，对发动机安装节，除了国军标的要求外，还要考虑许多情况下的安全性，如冲击载荷、转子叶片飞出载荷、发动机主转子卡死载荷等。此外，还需要尽量地将可能导致危险性影响的失效转变为仅有重大影响的失效。

（4）关键件寿命试验。

（5）其他典型的安全性试验项目。

除了继承航空发动机开展的转子超转、破裂试验，机匣压力试验，极限载荷试验和寿命相关的试验，航改燃气轮机还可以借用航空发动机研制过程中的以下典型安全性试验结果。

（1）电源故障试验。

（2）超温试验。

（3）承力系统刚度、静力、疲劳试验。

（4）吞冰试验。

（5）吞雨、吞雹试验。

（6）整机包容性试车等。

除此之外，航改燃气轮机还应该补充 GJB 730B 规定的安全性相关试验验证，进行非运行状态检查和运行状态故障保护功能验证。

1）非运行状态检查

在非运行状态下（即不开车状态），利用控制器和燃气轮机实时模型通过半物理试验对 GJB 730B 中规定的检查项进行检查。检查过程主要包括燃气轮机起动时，按下起动按钮，控制器和燃气轮机实时模型计算机接收起动信号，正常起动至慢车，随后按检查项目需要，对控制系统进行操作并人为设置故障，检验报警装置能否及时动作[106]。燃气轮机在控制器半物理试验时进行燃气发生器转速超速、涡轮出口总温过高、振动超限、罩壳内火情等静态检查项的检查。试验结果应表明控制器故障保护逻辑符合设计要求，各种故障条件下报警和保护动作均能准确执行。

2）运行状态故障保护功能验证

应选择对燃气轮机安全性影响最大的项目进行开车试验验证，如超温、超转等。燃气轮机应在出厂交付试验或其他整机试车过程中进行故障保护功能验证，保证控制器在人为设置的故障保护点可及时、准确地发出报警，并执行保护动作。

4.5　测 试 性 设 计

4.5.1　基本理论

1. 定义

测试性是指产品能及时、准确地确定其状态（可工作、不可工作或性能下降程度），并隔离其内部故障的一种设计特性。

我国最新制定并颁发的《装备测试性工作通用要求》（GJB 2547A－2012），GJB 2547A 装备测试性工作项目如图 4.33 所示。

2. 设计目标

测试性的设计目标是完成以下测试功能：性能监测、故障检测、故障隔离、虚警抑制、故障预测[107]。

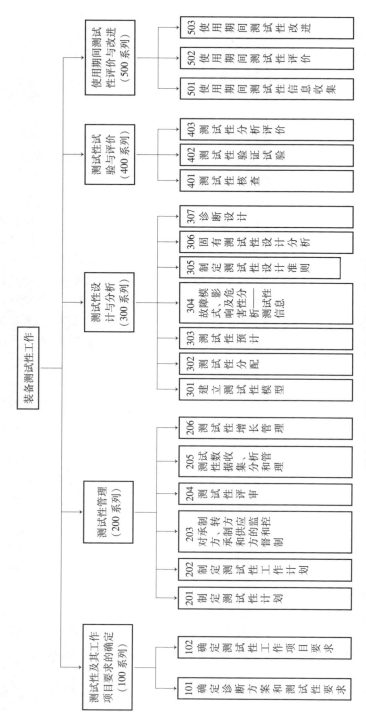

图 4.33　GJB 2547A 装备测试性工作项目

（1）性能监测是指在不中断产品工作的情况下，对选定性能参数进行连续或周期性的观测，以确定产品是否在规定的极限范围内工作的过程[108]。

（2）故障检测是指发现故障存在的过程。

（3）故障隔离是指把故障定位到实施修理所要更换的产品组成单元的过程。

（4）虚警抑制是指对故障检测和故障隔离中的虚假指示进行抑制和消除的过程。

（5）故障预测是指收集分析产品的运行状态数据并预测故障何时发生的过程。

3. 参数

常用的测试性参数或指标主要包括故障检测率、故障隔离率、虚警率。

（1）故障检测率（fault detection rate，FDR）。定义为在规定的时间内，用规定的方法正确检测到的故障数与被检测单元发生的故障总数之比。

（2）故障隔离率（fault isolation rate，FIR）。定义为在规定的时间内，用规定的方法正确隔离到不大于规定的可更换单元的故障数与同一时间内检测到的故障数之比。

（3）虚警率（false alarm rate，FAR）。定义为在规定的工作时间，发生的虚警数与同一时间内的故障指示总数之比。

4.5.2　设计分析

1. 故障模式、影响及危害性分析——测试性信息

在故障模式、影响及危害性分析基础上，进一步收集和分析相应的故障检测和故障隔离等方面的相关资料，为产品的测试性设计、分析及试验与评价提供相关信息。

FMECA 的深度和范围取决于测试性要求，维修级别，产品的复杂程度及其特点。对于简单设备，其要求可能只是限于基层级测试，FMECA 深度指导外场可更换单元（line replaceable unit，LRU）。对于比较复杂的设备，可能对基层级和中继级测试都有要求，这种设备的 FMECA 深度要求达到内场可更换单元（shop replaceable unit，SRU）。

2. 测试性设计准则

制定测试性设计准则的目的是指导设计人员进行产品的固有测试性设计。

测试性设计准则中包括通用条款（一般要求）和专用条款（详细要求），通用条款对产品中各组成单元是普遍适用的；专用条款是针对产品中各组成单元的具体情况制定的，只适用于特定的组成单元。在制定测试性设计准则通用和专用条款时，可以收集参考与测试性设计准则有关的标准、规范或手册，以及相似产品的测试性设计准则文件。其中，相似产品的测试性设计经验和教训是编制专用条款的

重要依据。

通用条款(一般要求)应当按照上级要求,落实测试性定性要求,其主要内容至少应该包含但是不局限于以下内容。

1)测试性设计

(1)测试性设计应与产品的其他功能、性能设计同步进行并相互协调。

(2)进行故障模式及影响分析,作为测试性分析的一部分。

2)测试要求

(1)在各维修级别上,对每个被测单元应确定如何使用系统级机内测试(built-in test,BIT)、自动测试设备(automatic test equipment,ATE)和通用电子测试设备来进行故障检测与故障隔离。

(2)计划的测试自动化程度应与维修、测试技术人员的能力相一致。

(3)对每个被测单元,测试性设计的水平应支持维修级别、测试手段组合及测试自动化的程度。

3)诊断能力综合

(1)建立保证测试兼容性的方法,并写入相关文件。

(2)在每一维修级别上,应确定保证测试资源与其他诊断(技术信息、人员和培训等)相兼容的方法。

(3)诊断策略(相关性图表、逻辑图)应写入相关文件(测试性建模)。

4)性能监控

(1)应根据 FMECA 分析确定要监控的系统性能和订购方要求监控的关键功能。

(2)监控系统的输出显示应符合人机工程要求,以确保用最适用的形式为用户提供要求的信息。

(3)为保证来自被监控系统的数据传输与中央监控器兼容,应建立接口标准[109]。

5)简化设计

(1)系统级故障诊断尽量地避免采用专用的 BIT,尽可能地采用中央维护系统,统一进行系统级的故障诊断,减少外部的分布式的 BIT。

(2)优选满足系统性能的各种简化方案。

(3)对产品功能进行分析权衡,去掉不必要的功能。

(4)尽可能地采用集成度高又有自检测功能的器件。

专用条款(详细要求)其主要内容至少应该包括测试点、传感器、指示器、连接器设计、BIT 设计等方面的部分内容。

3. 固有测试性设计与分析

测试性设计技术主要包括固有测试性、机内测试、外部自动测试、人工测试、综合诊断和健康管理等技术和方法。

（1）固有测试性是指仅仅取决于产品设计，不依赖于测试激励和响应数据的测试性，它主要包括功能和结构的合理划分、测试可控性和测试可观测性、测试设备兼容性等，即在产品设计上要保证其有方便测试的特性。

（2）机内测试是指系统或设备内部提供的检测和隔离故障的自动测试能力。

（3）外部自动测试是指借助 ATE 或者自动测试系统（automatic test system，ATS）完成的。ATE 主要用于中继级和基地级维修，是用于自动完成对被测单元故障诊断、功能参数分析及评价性能下降的测试设备，通常是在计算机控制下完成分析评价并给出判断结果，使人员的介入减到最少。

（4）人工测试是指以维修人员为主进行的故障诊断测试。

（5）综合诊断是指通过综合所有相关要素，如测试性、自动或人工测试、培训、维修辅助措施和技术资料等，获得最大诊断效能的一种结构化过程。

（6）健康管理泛指与系统状态监测、故障诊断/预测、故障处理、综合评价等相关的过程或者功能，是将内部、外部测试综合考虑的一种设计形式[110]。

固有测试性设计分析的工作项目要点如下所示。

（1）将固有测试性设计作为产品设计过程的组成部分，使产品便于进行故障检测与隔离。

（2）在每个产品的早期设计阶段，进行产品的结构设计，提高测试可控性、可观测性和测试兼容性。

（3）产品设计过程中贯彻和完善测试性设计准则，并利用固有测试性分析方法进行设计准则的符合性检查。

4.5.3　试验与评价

在产品设计研制过程中，为了确认测试性设计与分析的正确性、识别设计缺陷、检查研制的产品是否完全实现了测试性设计要求，需要进行测试性试验与评价，完成测试性的验证[111]。

1. 测试性核查

测试性核查是指承制方为实现产品的测试性要求，自签订合同之日起，贯穿于整个设计研制过程的试验与评价工作。需要在产品研制阶段的各种试验过程中，通过对故障检测、隔离及虚警的数据分析，以及对有关仿真和设计资料等的分析与评价，发现产品测试性设计缺陷并改进设计。

测试性核查的方法比较灵活，主要是通过各种途径发现产品在测试性方面存在的问题，及时地采取改进措施，积累有关测试性数据。

（1）最大限度地利用研制过程中的各种试验数据。

（2）采用故障注入方法。

（3）尽可能地利用成熟的建模与仿真技术，以及相似产品经验教训等。

（4）利用故障模式、影响及危害性分析方法。

（5）相似产品对比分析。

2. 测试性验证试验

测试性验证试验是指通过演示检测和隔离故障的方法，评定所研制的产品是否达到规定测试性要求的过程，需要注入/模拟足够数量的故障样本。这是一项为产品设计定型而进行的测试性试验工作。

测试性验证试验的工作流程如图 4.34 所示，主要步骤如下所示。

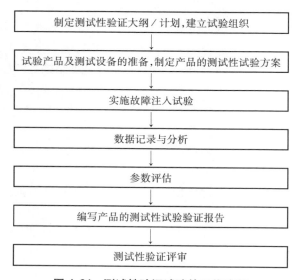

图 4.34　测试性验证试验的工作流程

（1）制定测试性验证大纲/计划，建立验证试验组织。

（2）依据测试性验证大纲/计划规定，完成试验产品及测试设备的准备工作，制定产品的测试性试验验证方案。

（3）依据试验方案实施故障注入，可利用简单工具以手工操作方式进行故障注入，也可以利用注入设备实施半自动化操作方式注入故障。

（4）在试验过程中，将故障及其检测、隔离数据，以及虚警数据填入数据记录表。

（5）对记录的数据进行综合分析，统计故障检测与隔离成功的样本数量，评估故障检测率与故障隔离率。

（6）编写产品的测试性试验验证报告。

（7）组织评审，确认产品的测试性验证结果。

3. 测试性分析评价

测试性分析评价工作是指综合分析产品研制阶段与测试性有关的信息,发现不足改进设计,评价产品是否满足规定测试性要求的过程。其主要目的是在设计定型阶段通过综合利用产品的各种有关信息,评价产品是否满足规定的测试性要求。所以,确定实施测试性验证试验的产品,不需要再进行分析评价工作。

对于非关键性产品和难以用故障注入方式进行测试性验证试验的产品,经订购方同意,可以利用综合分析评价方法替代测试性验证试验,即用综合分析评价的方法评价产品是否满足规定测试性要求。

测试性分析评价的主要工作是收集产品测试性信息,进行综合分析与评价,确认是否达到规定测试性要求,最后需编写产品测试性分析评价报告。

参考文献

[1] 李孝堂,侯凌云,杨敏,等.现代燃气轮机技术[M].北京:航空工业出版社, 2006.

[2] Montanes J L, Corchero G, Velazquez A. Simplified method to analyse water injection effects on gas turbine performance[R]. ISABE－2005－1210.

[3] Day W H. Gas turbine industrial fellowship program[R]. ASME 2004－GT－54323.

[4] MacArthur C D. Advanced aero-engine turbine technologies and their application to industrial gas turbines[R]. ISABE－99－7151.

[5] 李孝堂.发展中的中国一航燃气轮机产业[J].航空发动机,2006,32(2): 15－16.

[6] 李孝堂.加快发展保障能源安全的载体装备——研制自主知识产权燃气轮机的战略意义[J].开放导报,2017(5):29－33.

[7] 徐慧宁,董洁,殷国富,等.燃气轮机产业现状与技术发展趋[J].机械, 2016,43:4.

[8] Takao S, Hiroshi M, Hikaru S. Development of Japanese super marine gas turbine[R]. ASME 2005－GT－68447.

[9] 李孝堂.燃气轮机的发展及中国的困局[J].航空发动机,2011(3):1－7.

[10] 焦树建.探讨 21 世纪上半叶我国燃气轮机发展的途径[J].燃气轮机技术, 2001,14(6):12.

[11] 汤建华.我国舰船动力基础科研创新发展模式[J].舰船科学技术,2011, 33:15.

[12] 闻雪友,肖东明.对发展大功率船用燃气轮机的新思考[J].舰船科学技术, 2007(4):18－22.

[13] 李孝堂.世界航改燃气轮机的发展[M].北京:航空工业出版社,2017.

[14] Welch M, Igoe B. An introduction to combustion, fuels, emissions, fuel contamination and storage for industrial gas turbines[R]. ASME 2015－GT－42010.

［15］ Melick H C，Ybarra A H．Estimating maximum instantanous distortion from inlet total pressure RMS measurement［R］．AIAA－78－970.

［16］ 吉桂明,刘长和.燃气轮机的技术和应用:现状和展望[J].热能动力工程, 2000,15:340－342.

［17］ 中国燃气轮机产业联盟.中国燃气轮机产业联盟工作报告[J].电器工业, 2018(6):29－31.

［18］ Keskin A，Bestle D．Application of multi-objective optimization to axial compressor preliminary design［J］．Aerospace Science and Technology，2006， 10(7)：581－589.

［19］ 刘国库,潘福敏,郑洪涛.面向对象的先进循环燃气轮机工质热物性计算方法[J].航空发动机,2013,39(6):37－38.

［20］ McCarthy L，Scott I．Integration of the WR－21 intercooled recuperated gas turbine into the Royal Navy type 45 destroyer［R］．ASME 2001－GT－0531.

［21］ 李孝堂,梁春华.世界航改舰船用燃气轮机的发展趋势[J].航空科学技术, 2011(6)：5－7.

［22］ Bonafede A，Russom D，Driscoll M．Common threads for marine gas turbine engines in US Navy applications［R］．ASME 2007－GT－28217.

［23］ Blackburn J，Frendt G，Gagné M，et al．Performance enhancements to the industrial Avon gas turbine［R］．ASME 2007－GT－28315.

［24］ Patt R F．GE industrial aeroderivative technologies［R］．ISABE－99－7150.

［25］ 李孝堂.航机改型燃气轮机设计及试验技术[M].北京:航空工业出版社,2017.

［26］ 沈迪刚.国外燃气轮机发展途径及方向[J].航空发动机,2000(1)：44－45.

［27］ 杨强,冉军辉,孔庆毅,等.典型双燃料燃气轮机产品对比及技术难点分析[J].舰船科学技术,2019,41(1)：102－104.

［28］ Razak A M Y．Industrial Gas Turbines［M］．Cambridge：Woodhead Publishing Limited．2007：11－33.

［29］ Santos A，Andrade C．Thermodynamic analysis of gas turbine performance with different inlet air cooling techniques［R］．ASME 2012－GT－68506.

［30］ 朱行健,王雪瑜.燃气轮机工作原理及性能[M].北京:科学出版社,1992.

［31］ 雷英杰.MATLAB 遗传算法工具箱及应用[M].西安:西安电子科技大学出版社,2014.

［32］ Musto J C，Howard W E．MATLAB & EXCEL 工程计算[M].北京:清华大学出版社,2010.

［33］ Iyinbor J．Adaptation application to engine modeling［R］．ASME 2007－GT－

22139.

[34] Tsoutsanis E, Meskin N, Benammar M, et al. An efficient component map generation method for prediction of gas turbine performance[R]. ASME 2014 - GT - 25753.

[35] Tsoutsanis E, Meskin N, Benammar M, et al. Transient gas turbine performance diagnostics through nonlinear adaptation of compressor and turbine maps[R]. ASME 2015 - GT - 091201 - 1.

[36] Caguiat D. Gas turbine performance and energy conservation on DDG - 51 Class U. S. Navy ships[R]. ASME 2012 - GT - 68069.

[37] 董瑜. 变桨角对舰船用燃气轮机过渡态性能的影响[J]. 航空发动机,2010, 36(5): 16 - 19.

[38] 廉筱纯,吴虎. 航空发动机原理[M]. 西安:西北工业大学出版社,2005.

[39] 刘培军,李辉全,张凤梅,等. 我国航改型燃气轮机发展现状及建议[J]. 燃气轮机技术,2019,32(2): 9.

[40] 芮长胜,吴虎. 周向总压畸变条件下多级轴流压气机失速首发级预测分析[J]. 航空发动机,2011,37(5): 49 - 52.

[41] 李孝堂,崔英俊. 基于设计体系的高性能多级压气机综合设计技术[J]. 航空发动机,2013,39(4): 6 - 8.

[42] Kurz R, Brun K. Degradation effects on industrial gas turbines[R]. ASME 2008 - GT - 50020.

[43] Horlock J H. Advanced Gas Turbine Cycles [M]. Cambrige: Whittle Laboratory,2003: 1 - 11.

[44] 陈国钧,曾凡明. 现代舰船轮机工程[M]. 长沙:国防科技大学出版社,2001.

[45] 吴森,张智博,郑洪涛,等. 间冷对燃气轮机燃烧室性能的影响[J]. 航空发动机,2015,41(5): 15 - 16.

[46] 周亚峰,朱之丽. 间冷循环热力学特征及参数化分析研究[J]. 航空发动机,2014,40(3): 9 - 10.

[47] 姚明舟,徐鑫. 航改舰用燃气轮机总体结构方案设计技术研究[C]//中国航空学会动力分会燃气轮机专业委员会. 中国航空学会第十届轻型燃气轮机学术交流会文集. 成都,2016: 2 - 6.

[48] 郑培英,聂海刚,高凤树. 某型间冷燃气轮机热力计算方法研究[J]. 航空发动机,2008,34(1): 14 - 15.

[49] 樊思齐,李华聪. 航空发动机控制(下)[M]. 西安:西北工业大学出版社,2008.

［50］ Sethi V, Diara F, Atabak S, et al. Advanced modeling of fluid thermodynamic properties for gas turbine performance simulation［R］. ASME 2008 - GT - 51126.

［51］ Koutsothanasis G M, Kalfas A I, Doulgeris G. Marine gas turbine performance model for more electric ships［R］. ASME 2011 - GT - 46101.

［52］ 闻雪友,肖东明. 现代舰船燃气轮机发展趋势分析［J］. 舰船科学技术,2010 (8)：4 - 6.

［53］ 杨立山,郑培英,聂海刚,等. 航改大功率、高效率舰船燃气轮机的技术发展途径探讨［J］. 航空发动机,2013,39(6)：75 - 76.

［54］ Hanawa K. A case study of mixed gas-steam cycle GT：LM6000 class aeroderivative gas turbine［R］. ASME 99 - GT - 327.

［55］ Githanjali B, Shobha P, Ramprasad K S, et al. Full authority digital engine controller for marine gas turbine engine［R］. ASME 2006 - GT - 90439.

［56］ Branch D, Wainwright J. Development and qualification of the marine Trent MT30 for next generation Naval platforms［R］. ASME 2007 - GT - 27511.

［57］ 梁春华. ICR 舰船用燃气轮机 WR - 21 的技术特点［J］. 航空发动机,2006, 33(1)：55 - 58.

［58］ Shepard S B, Bowen T L, Chiprich J M. Design and development of the WR - 21 intercooled recuperated(ICR) marine gas turbine［R］. ASME 94 - GT - 79.

［59］ Cabanos P A. Design implementation of the intercooler system of the WR - 21 ［R］. ASME 2000 - GT - 321.

［60］ Harmeyer J E. ICR Gas Turbine Update［R］. ASME 95 - GT - 429.

［61］ Weiler C L. WR - 21 design and maintenance［R］. ASME 96 - GT - 328.

［62］ 李慎佩. 国内外大功率燃机典型支撑系统结构研究［C］//中国航空学会动力分会燃气轮机专业委员会. 中国航空学会第十一届轻型燃气轮机学术交流会文集. 上海,2019：154 - 155.

［63］ Rath O. MT30 — the heart of future integrated power and propulsion systems ［R］. ASME 2014 - GT - 26799.

［64］ 刘太秋,郭捷. QC185 燃气轮机低压压气机设计［J］. 航空发动机,2007, 33(1)：16 - 17.

［65］ 李慎佩. 燃气轮机安装系统承力分析［C］//中国航空学会动力分会燃气轮机专业委员会. 中国航空学会第十一届轻型燃气轮机学术交流会文集. 上海,2019：177 - 183.

［66］ 牛利民,李淑英. 船舶燃气轮机结构［M］. 哈尔滨：哈尔滨工程大学出版社,2007.

［67］　Iyengar V, Sankar L N. Comprehensive application of a first principles based methodology for design of axial compressor configurations［R］. ASME 2011 - GT - 45936.

［68］　Thompson B D, Grobler J. Development US Navy gas turbine vibration analysis expertise LM2500 vibration and trim balance［R］. ASME 2012 - GT - 68254.

［69］　宋寅. 大型发电企业燃机技术发展路径研究［J］. 应用能源技术,2018(7):27 - 28.

［70］　Pearson D, Simon N. The development and application of the Rolls Royce MT30 marine gas turbine［R］. ASME 2011 - GT - 45484.

［71］　Whatmough D, Birtwistle T. The Rolls Royce MT30 compact package design［R］. ASME 2012 - GT - 69908.

［72］　张忠文. 舰船燃气轮机技术的发展途径［J］. 航空发动机,2009,35(6):49 - 52.

［73］　Volkov K. Efficiency, Performance and Robustness of Gas Turbines［M］. Croatia: InTech,2012:191 - 200.

［74］　Shifler D, Hoffman M, Hartranft M, et al. USN marine gas turbine development initiatives part I: advanced high temperature materials［R］. ASME 2010 - GT - 23596.

［75］　徐鑫,刘常青,孙勇,等. 某型燃气轮机进气系统内流场的数值分析［J］. 航空发动机,2014,40(2):52 - 53.

［76］　Woodyard D. Marine Diesel Engines and Gas Turbines［M］. Oxford: Butterworth-Heinemann,2009:829 - 846.

［77］　李孝堂,王勤,薛秀生,等. 进口动态总压流场对燃机稳定性裕度影响［J］. 航空发动机,2009,24(11):2404 - 2406.

［78］　李孝堂. 进口动态总压流场对燃机稳定性裕度影响［J］. 航空发动机,2011,37(3):1 - 7.

［79］　彭浪清. 双环腔燃烧室污染排放,出口温度分布研究［D］. 北京:北京航空航天大学,2006.

［80］　马宏宇,赵传亮,程明,等. 取样密度对燃烧室试验测量结果的影响［J］. 航空发动机,2014,40(3):20 - 21.

［81］　徐宝鹏,曾佑杰,马宏宇,等. 燃气轮机模型燃烧室的大涡模拟［J］. 航空发动机,2014,40(3):15 - 16.

［82］　梁春华. 燃气涡轮发动机干低排放燃烧室的研制与发展［C］//航改燃气轮机文集. 沈阳,2005.

［83］　翁一武,闻雪友,翁史烈. 燃气轮机技术及发展［J］. 自然杂志,2017,39(1):

43 – 46.

[84] Raghavan P P, Hukam M C. Combustion instability characteristics of industrial engine dry low emission combustion systems[R]. AIAA – 98 – 3379.

[85] Wisniewski K J, Handelsman S. Expanding fuel flexibility capability in GE's aeroderivative engines[R]. ASME 2010 – GT – 23546.

[86] Turco P D, D'Ercole M, Pieroni N, et al. Design optimization and validation of a power turbine blade for an aero-derivative gas turbine upgrade[R]. ASME 2008 – GT – 51064.

[87] Roger D M, Michele D E, Alessandro R, et al. PGT25 + G4 gas turbine development, validation and operating experience[R]. ASME 2008 – GT – 50159.

[88] Walsh P P, Fletcher P. Gas Turbine Performance[M]. 2nd ed. Malden: Blackwell Science, 2004: 27 – 31.

[89] 龚庆祥. 型号可靠性工程手册[M]. 北京: 国防工业出版社, 2007.

[90] Venturini M, Puggina N. Prediction reliability of a statistical methodology for gas turbine prognostics[R]. ASME 2012 – GT – 68022.

[91] 中国人民解放军总装备部电子信息基础部. GJB 1909A – 2009 装备可靠性维修性保障性要求论证[S]. 北京: 总装备部军标出版发行部, 2010: 44 – 52.

[92] 孔瑞莲. 航空发动机可靠性工程[M]. 北京: 航空工业出版社, 1996.

[93] 王世安, 吴穹, 王军, 等. 船用燃气轮机技术的发展方向及我国发展途径的思考[J]. 热能动力工程, 2011, 26(4): 380 – 382.

[94] 中国航天工业总公司. GJB 3404 – 1998 电子元器件选用管理要求[S]. 1998: 1 – 7.

[95] 中国人民解放军总装备部电子信息基础部. GJB 151B – 2013 军用设备和分系统电磁发射和敏感度要求与测量[S]. 北京: 总装备部军标出版发行部, 2013: 2 – 11.

[96] 中国人民解放军总装备部电子信息基础部. GJB/Z 102A – 2012 军用软件安全性设计指南[S]. 北京: 总装备部军标出版发行部, 2012: 2 – 3.

[97] Dandotiya D, Banker N D. Performance improvement of gas turbine power plant by intake air passive cooling using phase change material based heat exchanger[R]. ASME 2017 – GT – 4746.

[98] 中国航天工业总公司. GJB 768A – 1998 故障树分析指南[S]. 1998: 13 – 15.

[99] 吕川. 维修性设计分析与验证[M]. 北京: 国防工业出版社, 2016.

［100］ Yılmaz Y，Kurz R，Özmen A，et al. A new algorithm for scheduling condition-based maintenance of gas turbines［R］. ASME 2015 - GT - 43545.

［101］ 马麟. 保障性设计分析与评价［M］. 北京：国防工业出版社，2012.

［102］ 刁兆勇. 交互式电子技术手册（IETM）及其应用研究［D］. 南京：南京理工大学，2009.

［103］ S1000D International specification for technical publications utilizing a common source database. Issue 4. 0. 1［S］.

［104］ 丁凡. ASD S1000D 规范简介［J］. 航空标准化与质量，2006.

［105］ 中国航空工业总公司. GJB/Z 99 - 1997 系统安全工程手册［S］. 1997：4 - 11.

［106］ Camporeale S M，Fortunato B，Mastrovito M. A high-fidelity real time simulation code of gas turbine dynamics for control applications［R］. ASME 2002 - GT - 30039.

［107］ 石君友. 测试性设计分析与验证［M］. 北京：国防工业出版社，2015.

［108］ Ranasinghe C，Noor H，Jayasuriya J. A simplified method for determining gas turbine performance parameters based upon available catalogue data［R］. ASME 2014 - GT - 25356.

［109］ Loboda I，Yepifanov S，Feldshteyn Y. An integrated approach to gas turbine monitoring and diagnostics［R］. ASME 2008 - GT - 51449.

［110］ Komarov O V，Sedunin V A，Blinov V L，et al. Parametrical diagnostics of gas turbine performance on site at gas pumping plants based on standard measurements［R］. ASME 2014 - GT - 25392.

［111］ 田仲，石君友. 系统测试性设计分析与验证［M］. 北京：北京航空航天大学出版社，2003.